深夜小酌！下酒菜研究所

小田真規子 著
Sukeracko 繪

157道搭酒最對味的新食感小菜

suncolor
三采文化

山之內鐵郎，六十一歲
退休後，以回聘員工繼續上班。
我決定了！
鐵爸，我啊
要去馬來西亞！
……喔～
次女
去找瑞希嗎？不錯啊。
其實不只是去而已，
還要住！
……咦？
一個月後
啪
噠噠噠

展開了睽違三十年的獨居生活
她一直都在照顧這個家。
旅居海外是我的夢想——
我也沒有理由阻止她。
我一個人是沒問題啦……
不過……
超市的熟食、超商的下酒菜……
最近都做得滿好吃的。
但是每天都吃一樣的話……
試著自己做菜吧。
小黃瓜
小黃瓜
小黃瓜
登
登
胡蘿蔔
要削皮嗎……？
咚
咚

完成了！
高球*
酒
5%
我開動了。
……？
咔滋
隔天
謝啦！
先走了！
再去下一間吧。哪間好呢～
這一帶有什麼餐廳呢？
屋
這裡竟然有店……
狐狸居酒屋

*高球：一種烈性雞尾酒，由威士忌及蘇打水混合而成，再加入冰塊。

咯啦—
歡迎光臨！
你好！
好年輕……
呃，我要常溫日本酒還有……
香煎韭菜滑蛋
紅薑拌胡蘿蔔
三小福梅醬小黃瓜
生蘑菇沙拉
好多沒看過的餐點。
我要三小福梅醬小黃瓜。
好的！
啤酒
高球
清酒
燒酎
讓您久等了～
咦！
酒
大700元 中600元

這……很好吃耶。
謝謝！
雖然簡單，滋味卻很特別。
其實……我昨天在家裡做了蔬菜棒。
結果總覺得少了什麼，
我還以為蔬菜棒這種東西，隨便做就很好吃了呢。
為什麼呢～
蔬菜棒……
這種東西？
這位客人……
小看下酒菜可不行喔！
咦。
啤酒
中600元
啤酒
中600元
砰！
砰！砰！

咦——
登—登！
狐
狐
狐……
越簡單的下酒菜啊……
越要透過巧思，
讓滋味截然不同！
那個、比起下酒菜，我更在意的是……
啊……
咳咳
不小心太興奮了，抱歉。
我只是恢復原本的樣子而已。

嘰~~咿
咦!
按
既然被你看見了……
轟
咦!
嘰咿咿
嘿咻
來也
嘿
嗚哇!
嘰咿咿
嘰咿咿
呵呵呵
就不跟你遮遮掩掩了,我們這裡——
嘰咿咿
這是怎麼一回事……

深夜小酌！
下酒菜
從早到晚都在研究
怎麼做出最棒的
下酒菜！

研究所

OTSUMAMI LABORATORY

每到晚上 11 點，這間狐狸居酒屋就會變成下酒菜研究所。

用香氣配酒

用口感配酒

用鹹味配酒

用鮮味配酒

用溫度與刺激性配酒

收尾下酒菜

關於酒的圖示

- 本研究所會將適合各道下酒菜的酒款，列在左方的「data」欄。
- 圖示酒款種類由上至下依序是啤酒、威士忌、燒酌、清酒、葡萄酒。葡萄酒有紅白之分。
- 燒酌的濃度會隨著兌水、兌蘇打水等而異，比較好掌握香氣與特色，適合搭配的下酒菜也比較多。
- 威士忌的濃度不論是調成高球或兌水，也會隨著調和物的種類或分量而異，但是本身酒精濃度相當高，達40～45度，又擁有獨特的香氣，因此適合搭配的下酒菜較少。
- 葡萄酒的原料是水果，因此適合搭配的下酒菜與穀物製造出來的酒不同。尤其紅酒的風味豐富，有時也很難說得準一定適搭。選擇新世界酒區（New World。美國、澳洲、智利等）的酒款或許會比較搭。
- 以上不過是本研究所的多年心法，實際情況依個人喜好而異，請將其視為「今天我想來點不同的晚酌時光」的參考即可。

鐵郎家的廚房

只要有這些，就幾乎什麼菜都能做

醋
酢
料理酒
料理酒

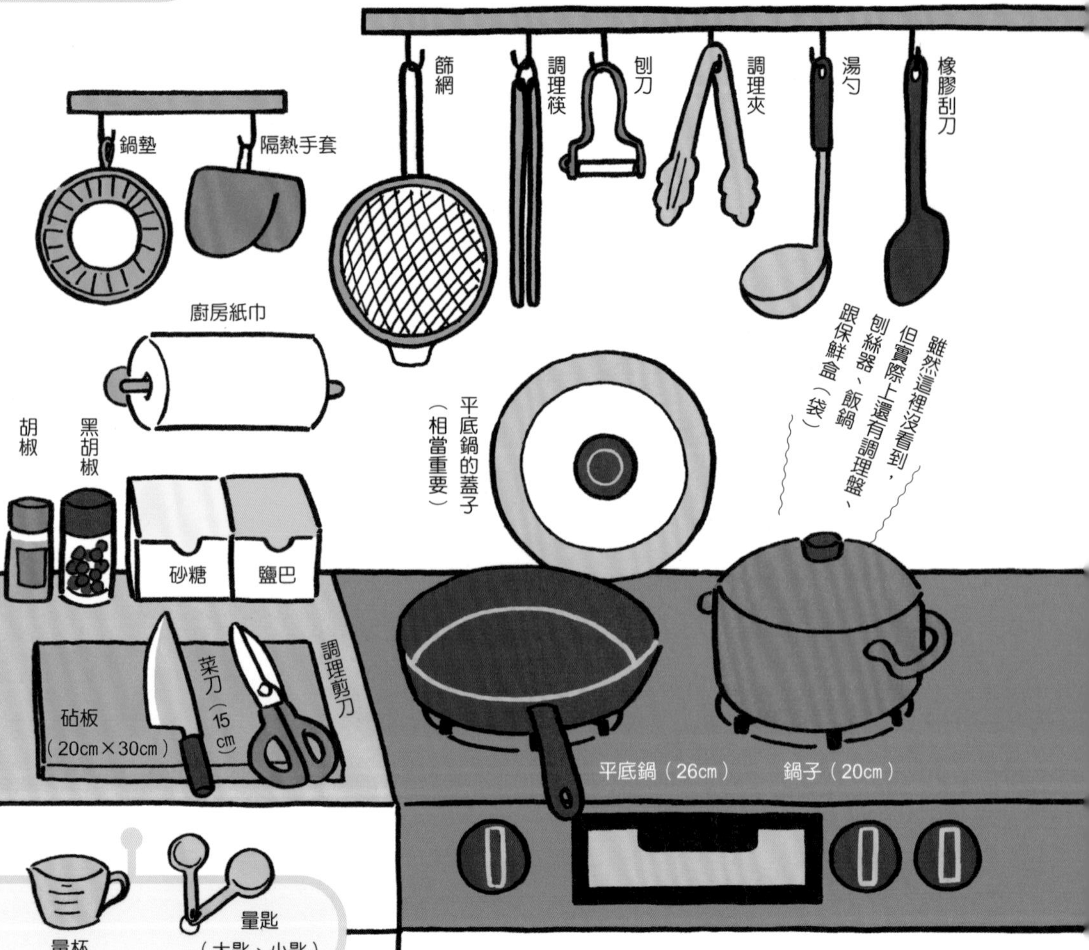

鍋墊
隔熱手套
篩網
調理筷
刨刀
調理夾
湯勺
橡膠刮刀
廚房紙巾
雖然這裡沒看到，但實際上還有調理盤、刨絲器、飯鍋跟保鮮盒（袋）
平底鍋的蓋子（相當重要）
胡椒
黑胡椒
砂糖
鹽巴
砧板（20cm×30cm）
菜刀（15cm）
調理剪刀
平底鍋（26cm）
鍋子（20cm）
量杯
量匙（大匙、小匙）

麵粉（低筋）
麵粉
太白粉
太白粉
咖哩粉
綜合堅果
麻油
麻油
橄欖油
OLIVE
沙拉油
沙拉油
辣椒油
辣油

關於本書的食譜

- 基本上是偏多的1～2人份，或是容易製作的量。
- 1大匙15mℓ、1小匙5mℓ、1杯200mℓ。版面空間不足時，會將「1大匙」簡化成「1大」等。
- 列出的時間並非「調理時間」，而是「距離可以吃的時間」。
- 微波爐為600W。
- 有些步驟會省略，例如：去除香菇沾到土的蒂頭、去除番茄蒂頭、梅干籽、裝飾葉片等。
- 材料表上的照片為示意，與分量無關。

酸橘醋
麵味露
味醂
醬油
味醂
醬油
味噌
美乃滋
薑泥
蒜泥
奶油
奶油
芥末籽醬
黃芥末醬
山葵醬
鋁箔紙
保鮮膜
白芝麻
梅干
青海苔粉
鹽昆布
檸檬
七味粉
乳酪粉
蒜頭
薑
紅辣椒
麵包粉（賞味期限怪怪的）
柴魚片
柴魚片
海苔片
＊還有昆布
冰箱
白葡萄酒
芋燒酎
麥燒酎
鐵郎的酒類庫存
啤酒
威士忌
小鍋（15㎝）
平底鍋（20㎝）
調理盆（大、中、小）
玉子燒鍋

下酒菜不再是「料理」

正在閱讀本書的你，當下想吃哪一種飯糰呢？實際選擇雖然依喜好而異，不過被問這問題時，大部分的人會選右邊。但是如果手中有杯冰涼的啤酒，一口灌下後再聽到同樣的問題時會怎麼選呢？這次我想應該會變成左邊了。

這就是「料理」與「下酒菜」的差異。日文裡的下酒菜（つまみ），據說源自於「捏起（摘む）」這個動詞。確實喝酒時吃的餐點，多是隨手可以捏起少許食用的類型。原本日文的佐酒小菜稱為「肴（さかな）」，這個字乍看代表菜餚，實際上是

料理

梅干飯糰

添加少許鹽巴襯托米的甘甜
配料是酸酸的梅干
白飯鬆軟
在廚房完成
米香濃郁

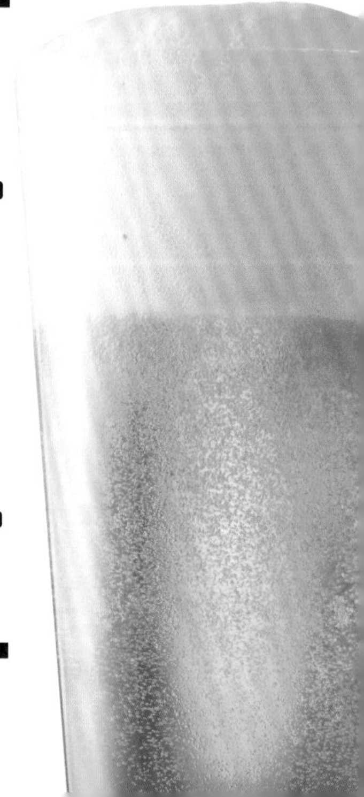

而是「娛樂」

以酒為主的配菜。此外在「月見酒（賞月酒）」、「花見酒（賞花酒）」這類「飲酒作樂」的場合中登場的菜餚，也都稱之為「肴」。

沒錯，下酒菜本來就屬於娛樂活動的一個環節，所以可以隨興一點。

但說是娛樂，精神上還是必須用心以待才行。因此，在用心與隨興之間找到平衡，正是下酒菜的精髓。

不過，要如何既用心又隨興呢？那就是不能偏離下酒菜的核心元素，但在細節上可以隨興一點。只要能夠找到這個平衡點，做出來的下酒菜就會截然不同，會與昨天的成品判若兩「菜」。

那麼下酒菜的特色到底是什麼呢？下一頁將進一步介紹。

下酒菜

焦香醬油烤飯糰

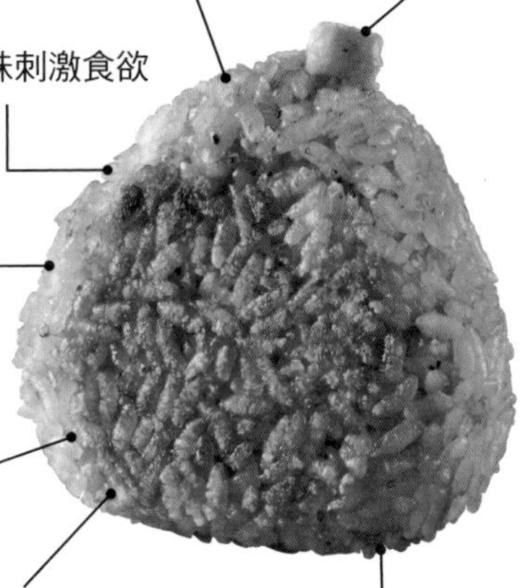
表面酥脆且散發香氣
山葵直衝腦門的嗆辣
醬油的鹹味刺激食欲
在餐桌上完成
柴魚片的鮮味
米飯偏硬，口感明顯
剛烤好的熱騰騰

……
黑胡椒很搭。
放在一起比較看看。
用味噌如何？
或許奶油乳酪
也不錯！

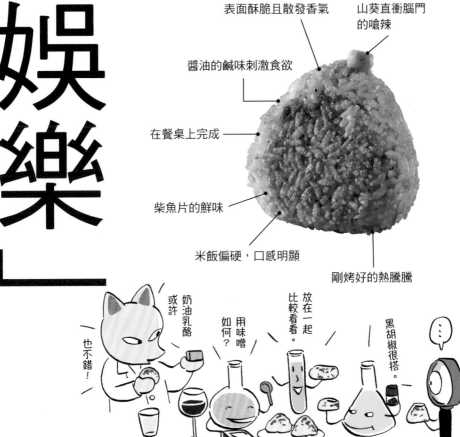

OTSUMAMI

下酒菜由六大特色組成

鹹味 SHIOKE

香氣 KAORI

下酒菜的核心元素，指的就是這六個要件。只要其中一項突顯出來，無論是什麼樣的食材，都會化身下酒菜。用最少的力氣增加菜色變化，讓往後人生的每一道下酒菜，都美味得不得了。

刺激
SHIGEKI
溫度
ONDO
鮮味
UMAMI
口感
SHOKKAN

用香氣配酒

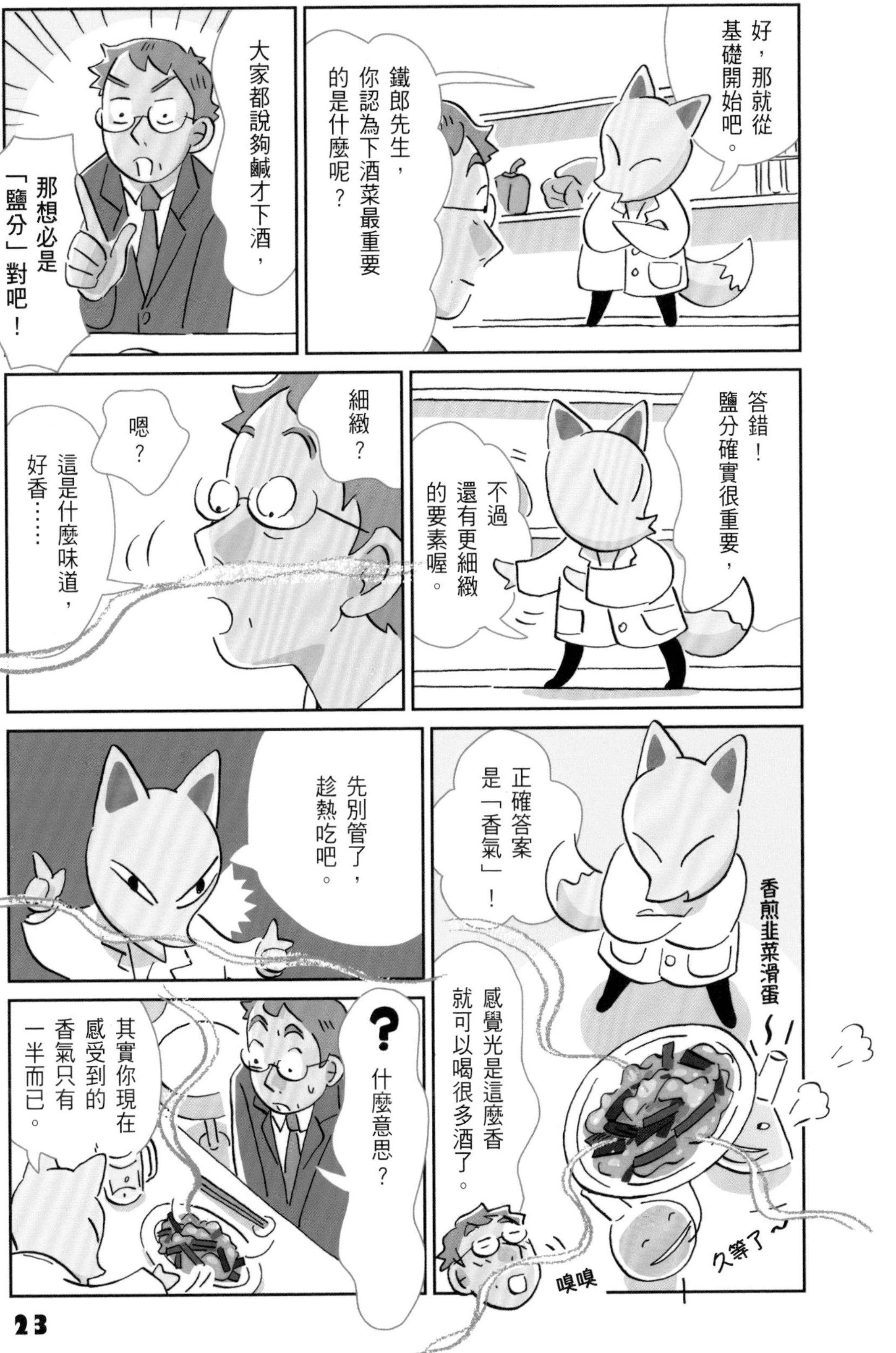
好，那就從基礎開始吧。
鐵郎先生，你認為下酒菜最重要的是什麼呢？
大家都說夠鹹才下酒，
那想必是「鹽分」對吧！
答錯！鹽分確實很重要，
不過還有更細緻的要素喔。
細緻？
嗯？
這是什麼味道，好香……
正確答案是「香氣」！
香煎韭菜滑蛋
久等了～
嗅嗅
感覺光是這麼香就可以喝很多酒了。
先別管了，趁熱吃吧。
？
什麼意思？
其實你現在感受到的香氣只有一半而已。

呼
呼
嗯～
和啤酒很搭！雞蛋好軟嫩……
吃了這味道感覺精神都來了。
好香！
沒錯！那就是剩下一半的香氣，來自「鼻後嗅覺」。
什麼？什麼猴*？
吱吱
香氣分成
鼻後嗅覺
與
鼻前嗅覺
兩種。
從口中通過咽喉上到鼻腔的香味，稱為鼻後嗅覺。
鼻後嗅覺
從鼻腔外側聞到的香味，稱為鼻前嗅覺。
鼻前嗅覺
我不知道，也沒有注意過……
只有人類才有這兩種香氣的感受喔。

*鼻後嗅覺的日文「レトロネーザル」最後兩字與「猴子」發音相似。

鼻前嗅覺也算是當下的香氣，
試著想像串燒店吧。
串燒店
煙霧不斷升起，
醬料與脂肪的焦香……
受不了了！
蔥肉捲、七里香、雞皮……
對吧。
比如超市的熟食微波加熱後，雖然很好吃，
叮！
但是少了香氣就覺得食不知味。
接著呢，請捏著鼻子吃一口這道韭菜滑蛋。
……
哈、哈、哈
這下子鼻後嗅覺就無法作用了。
料理好不好吃，其實香氣占了大部分。
你剛才說的「吃了這味道感覺精神都來了」、「好香」都是香氣的加持。
接收到香氣的部位
原來如此。
香氣真的很重要～
其實韭菜與大部分的啤酒都很搭。
因為韭菜和蒜頭一樣都含有「大蒜素」，
這香氣成分就跟啤酒很搭。

經過分析，整理出各款酒適合搭配的香氣如下——
燒酌
日本酒
葡萄酒
啤酒
幾乎沒有不適合的！
但硬要舉幾個
最適合的話就是：
醬油
味噌
照燒
馬鈴薯燉肉等家常菜
海鮮
發酵食品
乾貨
柴魚片
高湯類
生火腿
黴菌熟成乳酪
香草類
OLIVE
橄欖油
蒜頭
黑胡椒
咖哩
辣粉（墨西哥料理）
鹽巴與砂糖本身沒有香氣，所以要搭配香氣強烈的食材強化這部分的不足。
青海苔粉
蒜頭
黑胡椒
奶油
醬油
麻油
辛香料蔬菜
酸香柑橘類
這些都很常在下酒菜中出現！
呼～真好吃
好吃到明天還想再吃一次。

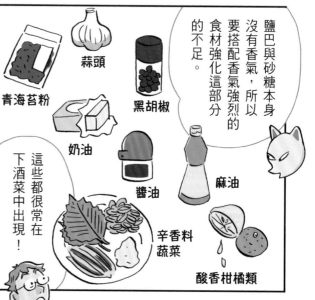

明天的韭菜滑蛋與今天的韭菜滑蛋，
說不定又不一樣了。
咦？
明天的氣溫與體溫會變，
氣溫
體溫
適合搭配的酒也會不一樣。
酒
酒精會隨著溫度上升而揮發，呈現出的香氣也會有所不同。
總覺得就連想好好小酌一番，也是可遇不可求啊。
哈……
全部都獨一無二……原來可遇不可求啊。
邊欣賞新綠美景邊嘗紅酒與乳酪
在悶熱的戶外享用啤酒與泰國菜
下雪天吃著關東煮配日本酒
我應該要更珍惜那些時光的。
接收香氣的細胞會不斷再生，過了七十歲功能會稍微衰退，但還是會剩下八成左右。
你現在已經明白用香氣配酒這個道理了，
所以還有很多機會小酌啦。
說的也是！
待續

用煎的，增加讓人更有精神的香氣

香煎韭菜滑蛋

這道韭菜滑蛋算是「醉了也能做」的代表性隨興下酒菜，但做起來真的這麼隨興嗎？我們檢視了每一項程序，結果發現應該還能再更好吃。而方法就是……

第一步先炒香韭菜。不，這裡用「炒」稍嫌太弱，「煎」才精準。將韭菜擺在平底鍋上不動，靜置一分鐘直到冒煙，如此一來就能夠將香氣發揮到最大，並引出韭菜本身的甘甜。

雞蛋只要炒到鬆軟即可，所以只要拌炒十次就可以關火。哎呀，還有蛋液耶？這時請不要害怕，繼續用餘熱拌炒再盛盤……太完美了，韭菜吸附著蛋汁的美味韭菜滑蛋完成。

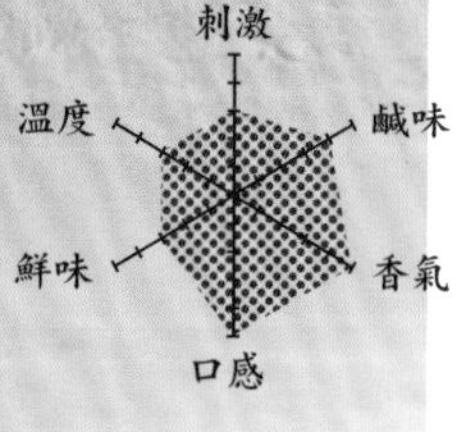

材料

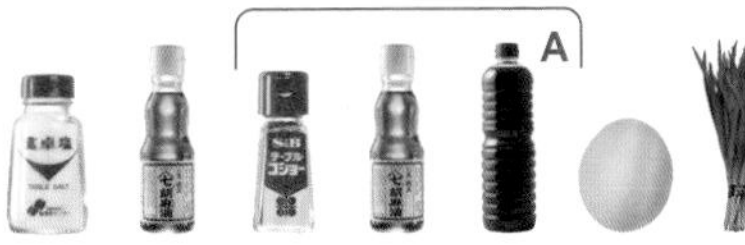

- 韭菜…½把（50g）
- 雞蛋…2顆
- A 醬油…1小匙
- A 麻油…1小匙
- A 胡椒…少許
- 麻油…2小匙
- 鹽巴…2小撮

作法

1. 韭菜切成5公分長。
2. 雞蛋先用筷子攪拌約40次後，倒入A拌勻。
3. 將油倒入平底鍋（26公分）後用中火加熱，冒煙之後再鋪上韭菜、撒上鹽巴煎1分鐘。
4. 上下翻炒之後，騰出平底鍋中央的空間，倒入蛋液之後連同韭菜一起大幅度拌炒10次，然後關火。

下酒蔬菜 No.1

香氣的強度依料理方式而異

韭菜的香氣比小松菜、菠菜更具衝擊力。而香氣的強度，則可藉由料理方式調整，所以請依照當日要搭配的酒、冰箱裡的食材決定吧。

柔和許多的滋味顯得高雅

弱 水煮

將韭菜（½把）切成4公分長，再用熱水汆燙30秒。接著與醬油（½大）、砂糖（½小）、水（1又½大）拌在一起後，擺上柴魚片與溫泉蛋。這也算是一種韭菜滑蛋吧？

從家常熱炒菜變成下酒菜

中 炒

豬五花與綠豆芽半煎半炒之後，倒入醬油、砂糖、黑胡椒調味。最後再加韭菜，就從單純的熱炒一口氣變成下酒菜了。

淡雅的食材變華麗了

強 生吃

把韭菜（½把）切成2公釐寬，接著與醬油（2大）、麻油與醋（各2小）拌在一起。光是這樣就足以提引出韭菜的精華，接著淋在豆腐等淡雅的食材上，形塑華麗的味覺衝擊。

data

特別搭的酒

可以這樣搭配

⬇ 火腿或香腸等肉類食材入菜。

⬇ 培根入菜。

下酒菜俳句

韭菜一根　已經　卡在牙縫了

用煎代替炸，香氣更奔放

新 海苔炸竹輪

請先看看照片，是否和你印象中的「海苔炸竹輪」不同呢？沒錯，厚度不一樣，看起來比較單薄而已嗎？不，滋味可是大不同喔。

炸東西很麻煩，不如就試著油放少一點，用煎的……。咦？原本用炸的應該吸滿油的竹輪，竟然捲起來了。滋味如何呢？好脆，風味也濃郁！水分收乾後，竹輪本身就更有味道了。

扎實的精華風味加上表面的爽脆，這道下酒菜讓人一口接一口，大家一定要動手做看看。

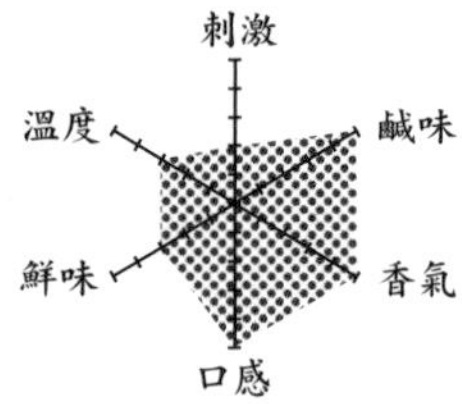

特別搭的酒

可以這樣搭配

紅酒選擇較清爽的酒款。下酒菜則可撒上乳酪粉後，再加點奶油乳酪。

材料

烤竹輪…3根

A
麵粉…2大匙
水…2又½大匙
青海苔粉…2小匙

沙拉油…適量

作法

1. 竹輪縱向切半。
2. 製作麵糊。將A倒入調理碗中，用筷子大概攪拌一下，看起來粉粉的也沒關係。
3. 將油倒入平底鍋（20公分）約5公釐高，再用中火加熱2分鐘。
4. 竹輪沾上麵糊，放進油鍋。煎約2分鐘後翻面，接著煎到變色且看起來酥脆為止。

只要撒上青海苔粉，每道菜都會變成下酒菜

海苔炸竹輪唯一費事的地方，
就是一定要使用青海苔粉。
但是別擔心，青海苔粉很能大撒特撒，買了也不怕用不完！

番茄
奶油乳酪
奶油炒菇
洋芋片
（變成海苔鹽口味了）
山藥
馬鈴薯沙拉
香煎雞柳
炒綠豆芽
天婦羅花
拌飯糰佐麵味露

青海苔粉下酒菜拼盤！

都自己人！

只要撒一點點，就很適合搭配白葡萄酒與日本酒。
沒有鹹度所以不太會失敗，還可以增添滋味，
不妨當成「芝麻」盡情撒下去吧。

下酒菜常有的事

想說好久沒用青海苔粉，一看發現賞味期限已過一年。

覺得「還少一道」時就選這道吧？

一天一道奶油炒菇

KAORI

Tue	Mon
麵味露奶油鴻喜菇	黑胡椒奶油金針菇

麵味露奶油鴻喜菇

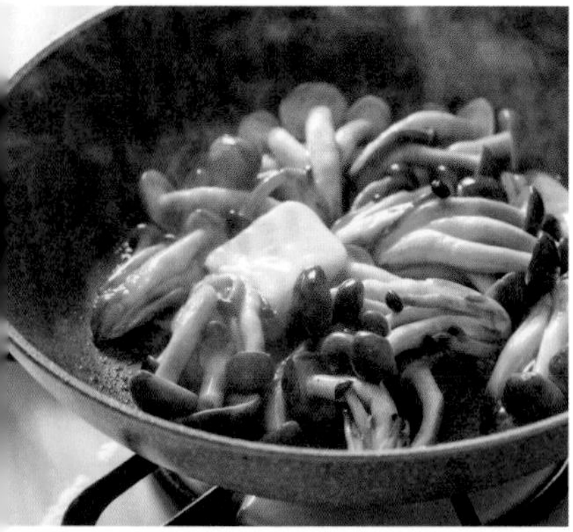

鴻喜菇小巧黏滑，香氣不太搶味，所以不管搭配什麼調味都很適合。用來下酒時，建議選擇麵味露這種單獨使用也夠味的調味料。

㊜ 麵味露（2倍稀釋、2小匙）

不適合……

鴻喜菇是眾多菇類中，鮮味較不明顯的，因此搭配鹹味奶油這麼簡樸的滋味時，就缺乏下酒的強勁。

黑胡椒奶油金針菇

金針菇容易煮出黏稠的口感，也帶有甜味，搭配黑胡椒等辛嗆的調味料時，嘗起更爽口。

㊜ 黑胡椒（¼小匙）

不適合……

酸橘醋奶油會搶走金針菇的風頭，嘗起來偏酸。而蒜頭奶油也不太適合金針菇這種黏稠感高的食材。

這裡介紹的菇類料理，可以每天吃也不嫌膩。因為菇類不是只有香菇而已，而且香菇有香菇的滋味，金針菇也有金針菇的滋味，各自有特色。

本研究所仔細觀察每一種菇類的特徵後，終於研究出能夠發揮各別長處的食譜，香氣不同作法也不同。

乍看百搭，實際上卻不適合的調味。

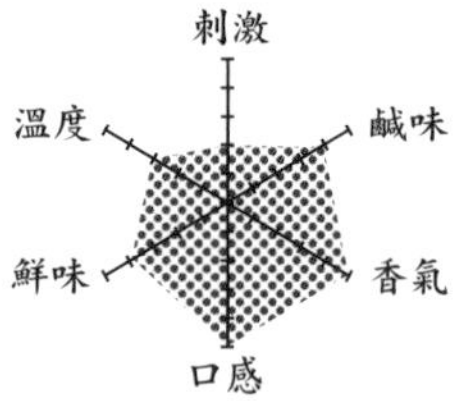

特別搭的酒

Wed

醬炒奶油鮮香菇

菇類中香氣最獨特的當屬鮮香菇，因此不需要多餘的調味，只要單純的醬油就很好吃。調理時要縱向切成一半，切口朝下煎。

(調) 醬油（1～2小匙）

不適合……

鮮香菇本身的風味強烈，就算不使用麵味露奶油就已經很好吃了，加了之後反而有點多了。

Thu

蒜頭奶油杏鮑菇

杏鮑菇沒有明顯的香氣，口感卻很獨特。蒜頭可以蓋過微微的酸味，切成圓片則口感十足，吃起來鮮香下酒。

(調) 蒜泥（½小匙）

不適合……

杏鮑菇本身就有酸味，再加上酸橘醋奶油會導致酸味過重。

Fri

酸橘醋奶油舞菇

舞菇的香氣與鮮味都很強烈，所以搭配搶眼的酸橘醋也不會被蓋過去。此外，奶油可使酸橘醋的酸味變得柔和。

(調) 酸橘醋（2小匙）

搭配黑胡椒奶油雖然不會不好吃，但舞菇的香氣比較偏和風，所以或許改成七味粉會比較好。

不適合……

可以這樣搭配

⬇ 菇類可撒上蝦夷蔥蔥花或是切碎的青紫蘇。

材料

- 菇類……1袋（100g）
- 沙拉油……1小匙
- 奶油……10g

作法

1. 菇類分成小朵或是撕開、切小塊。
2. 將油倒入平底鍋（20公分）後用中火加熱，再將菇類攤開鋪入。鴻喜菇與金針菇要在這個步驟撒鹽（2撮）。煎2分鐘。
3. 上下翻炒1分鐘後，再加奶油、調味料（參照各菇類的(調)）後拌勻。

POINT 千萬不要一開始就炒奶油，因為奶油含有水分與蛋白質，比菇類更容易燒焦。先用沙拉油引出菇類的香氣後再添加奶油，才能發揮出最棒的香氣。

鐵郎的自言自語

聽說舞菇這個名字由來是「在野外找到時會高興得跳起舞來」，我還滿喜歡取名者的品味。

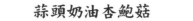

LABORATORY 下酒菜嗎？

實驗食譜

冰箱裡的蔬菜只有青花菜！
但餐桌上又少了一道蔬菜類下酒菜……
因此本研究所決定做個實驗，
確認平常都水煮的青花菜在炒或煎之後，
是否也能當成下酒菜。
究竟結果會是……？

材料 距離可以吃還有 10分鐘

- 青花菜…½顆（100～150g）
- 橄欖油…2大匙
- 鹽巴…2小撮
- 乳酪粉…1～2大匙

① 切成大朵

將青花菜分成一朵朵後再切半。泡在水中1分鐘。

POINT 切大一點，不要切太碎。這樣才能煎出美味焦色，且中間煎熟後，也可以增加本身甜味。

實體大小

水煮後蘸了美乃滋的青花菜，比較像「早餐」而非「下酒菜」。

特別搭的酒

可以這樣搭配

⬇義大利、西班牙等有煎蔬菜的文化，所以請選擇這類地區生產的清爽型紅酒吧。

OTSUMAMI

青花菜也可以做成

② 煎香切面

將瀝乾的青花菜，擺到平底鍋（20公分）上。拌入橄欖油後，就把切面朝下。

POINT 處理的時候要切出「平坦面」，煎的時候以切面貼住平底鍋，就可以增加接觸熱源的面積，有助於提升料理效率。

③ 不開蓋煎3分鐘

撒鹽巴、蓋鍋蓋，用中火煎3分鐘。等青花菜出現焦色後，就上下翻面再煎2~3分鐘。然後撒上乳酪粉，等融化後再關火。

POINT 一直用筷子攪拌的話就變成「炒」了，所以請大膽一點，任由它「煎」吧。

結果

只要有「焦痕」，連蔬菜都能下酒！

A 煎過

B 炒過

像A這樣有焦痕的青花菜，會散發出強烈香氣，鮮甜得讓人不禁想來杯啤酒。用偏多的油慢慢煎，讓菜梗處脫水，就會很像油炸過的口感。添加乳酪粉乍看很奇怪，但是鹹味與鮮味增加後，就更有下酒菜的感覺。至於B下鍋後就一直拌炒，所以稍嫌不足。用的油一樣偏重，雖不至於不能配酒，但是少了點與酒匹敵的風味。此外，與鹹味相輔相成的甜味，也是A比較明顯勝出。

有「焦痕」就不需特別的調味料，善用料理手法，也可以做出很下酒的香氣。

下酒菜知識

這焦痕就叫「梅納反應」，是糖受熱後的化學變化。食材本身的糖在煎熱的時候產生反應，進而融入香氣與濃醇滋味。

正因為是一年四季都有菜可以買，更應該這樣選擇
當季下酒菜

上一頁介紹的煎法，可以應用在各式各樣的蔬菜上。
細細煎熟後，會產生不輸香草的強烈香氣，
甚至連當季蔬菜中的鮮甜味都被釋放出來，
那是一種當下才嘗得到的香氣。
季節，可不是只有過年或是賞花時才會出現啊。

春日香煎高麗菜

百花盛開的春日裡，高麗菜香氣會比冬日時濃郁。切成半月狀料理的話，中間的菜葉會被蒸熟，進而釋放出甘甜，與猶如路邊攤的鐵板煎台的香氣。讓人不禁想開罐啤酒來喝。

將高麗菜（⅙顆）切成半月狀後，放在平底鍋上煎，接著佐以醬油與檸檬盛盤。

夏日香煎青椒

在汗水淋漓的炎炎夏日中，咀嚼著青椒，享受鮮甜多汁的口感。焦苦與青椒特殊的香氣，能夠將偏苦的啤酒襯得甘甜。整顆拿去煎的隨興風格，也特別適合夏日。

用大拇指下按並摘掉青椒（4顆）的蒂頭後，輕輕拍一下椒身。煎的時候每一面煎3～4分鐘。此外也要立起來，使蒂頭這一側的青椒接觸平底鍋。最後一旁附上蒜頭（磨成泥，⅛顆）與味噌（1大）調成的蘸醬。

data

特別搭的酒

可以這樣搭配

↓ 義大利、西班牙等有煎蔬菜的文化，所以請選擇這些產地生產的清爽型紅酒吧。

秋日香煎蓮藕

在根莖類蔬菜特別美味的秋日，輕咬蓮藕品味焦香爽脆——這是種讓人打起精神迎接冬日的香氣，接著以啤酒的氣泡滋潤偏乾的喉嚨。

仔細清洗蓮藕（150ｇ）的皮後，連皮一起切成1.5公分厚，用麻油煎熟。調味的部分則將咖哩粉：鹽巴＝1：1拌在一起後附上即可。

冬日香煎蕪菁

讓人不禁縮著身體的冬日，正適合細細煎過的蕪菁焦甜香氣。原本堅硬的蕪菁，煎過的口感竟然如此多汁鮮甜。坐在溫暖的暖桌前，來一杯冰涼的啤酒吧。

蕪菁（3小顆）葉片保留2公分，再將塊根部切成6等分。事前泡在水裡5分鐘，比較好清理葉片中的泥沙。等煎好之後再佐以芥末籽醬吧。

人生常有的事

「咦！已經十二月了？今年只剩一個月了嗎？話說我是不是每年都說了這句話？」
對，真的每年都說了呢。

喝燒酎、日本酒、葡萄酒就要搭配
水煎香腸佐黃芥末

什麼是「水煎」？那就是用少許的水煮過後，再加熱表面的作法。如此一來，內部就能夠熟透，表皮又酥脆得恰到好處，咬下後溫和的香氣會在口中蔓延。

滋味太過溫和時，就會想要一點味覺刺激。這時搭配辛辣的黃芥末，就成了適合下酒的滋味，好過癮。

距離可以吃還有 5分鐘

材料

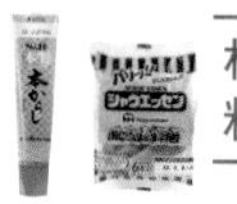

德國香腸……1包（6根）

黃芥末……依口味

作法

1. 將香腸放進平底鍋（20公分）後再倒入水（2大匙）。
2. 開中火煮至沸騰。水分收乾後，再反覆將香腸翻面，拌炒至表面出現油亮光澤。
3. 附上黃芥末。

平常香腸都是用「水煮」還是用「煎的」呢？不過一想到要做成下酒菜，就覺得這兩種作法都很適合。

喝啤酒、高球、沙瓦就要搭配

蒸煎香腸佐芥末籽醬

什麼是「蒸煎」呢？就是將香腸蒸至表皮變得緊繃後，再煎至釋出油脂的作法。平底鍋熱油，可達200℃以上的高溫，所以會形成極富衝擊力的香氣。

香腸就是要搭配芥末籽醬，經過多番嘗試後，最適合搭配的手法是「蒸煎」。而芥末籽醬的酸味，能夠中和油膩的滋味，每一口都充滿鮮香。

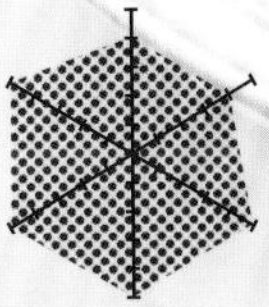

距離可以吃還有 8分鐘

材料

德國香腸……1包（6根）

芥末籽醬……依口味

作法

1. 將香腸放進平底鍋（20公分）後蓋上鍋蓋。
2. 開中火後靜置3～4分鐘，等冒出啪滋啪滋的聲音後再開蓋，接著反覆將香腸翻面，拌炒至表面油亮光澤（約2分鐘）。
3. 附上芥末籽醬。

可以用微波爐嗎？

用微波爐加熱1～2分鐘就會熟，但是單純的加熱是無法引出下酒的香氣。本研究所可以肯定的是，直接接觸到熱源還是比較美味。

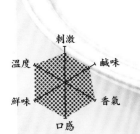

淋上熱騰騰的油
油漬魩仔魚香葉沙拉

先將油加熱至冒煙，再一口氣淋在魩仔魚與芝麻上，香氣撲鼻，而高溫的油也會對蔬菜達到局部加熱的效果。如此一來，吃的時候就不會滿嘴生菜味，連葉子甜香都會擴散開來。嗯，這個好。

原本以為沙拉做為下酒菜有些牽強，事實卻並非如此。只要為這輕盈的滋味增添「香氣」，就會很下酒。沒想到沙拉也是配酒良伴呢。

麻油本身醇厚讓齒頰留香，儘管沙拉清淡，仍讓人一口接著一口喝著啤酒，完全停不下來。「天哪，沒想到將沙拉做成下酒菜這麼順口！」還在細細品味著魩仔魚，盤子就不知不覺掃光了。

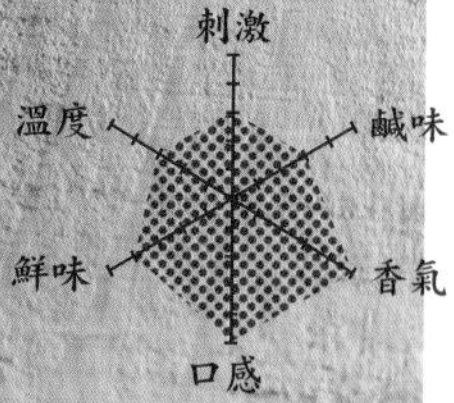

材料

- 水菜……1大把（50g）
- 萵苣……1包（50g）
- 魩仔魚……3大匙
- 白芝麻……2大匙
- A 麻油……2大匙
- A 醋……2小匙
- A 鹽巴……少許
- A 胡椒……少許

作法

1. 將水菜切成5公分的段，萵苣則撕成大片，接著浸泡冷水20分鐘。
2. 擦乾蔬菜的水分，放進調理盆。接著擺上魩仔魚與芝麻。
3. 將麻油倒入平底鍋（20公分）後，以中火加熱至冒煙後，馬上淋在魩仔魚與芝麻上並拌勻。
4. 按照順序加入A後，整盤拌勻。

把魩仔魚改成鹽昆布或櫻花蝦，把麻油改成橄欖油也很美味。

特別搭的酒

可以這樣搭配
↓
魩仔魚換成生火腿，還可以加上葡萄乾或堅果。

哪一個的鮮脆口感比較持久？

熱油 VS 淋醬

10分鐘後

鮮脆有勁！下面不太出水

油加熱後質地會變輕盈，也就沒那麼黏稠而迅速混入所有食材，並包覆葉片表面。如此一來，鹽巴就比較不會直接沾到菜葉，能夠保有水分。

軟塌……下面都出水了

沙拉醬通常是用有黏性的冷油與調味料乳化而成，因此接觸到葉片後，滲透壓*會造成菜葉出水，過一段時間後就會軟塌萎縮。

＊滲透壓指的是水分會從低濃度處移動到高濃度處的現象。用鹽巴搓揉蔬菜後會出水，就是滲透壓的作用。

鐵郎的自言自語

這該不會就是「洗髮精與潤髮乳分開用」與「洗潤合一」的差別？最近好像比較少看到洗潤合一的產品了，不曉得是否還健在呢？

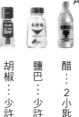

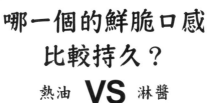

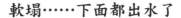

KAORI

果汁的香氣增添細緻度

橙香肉湯

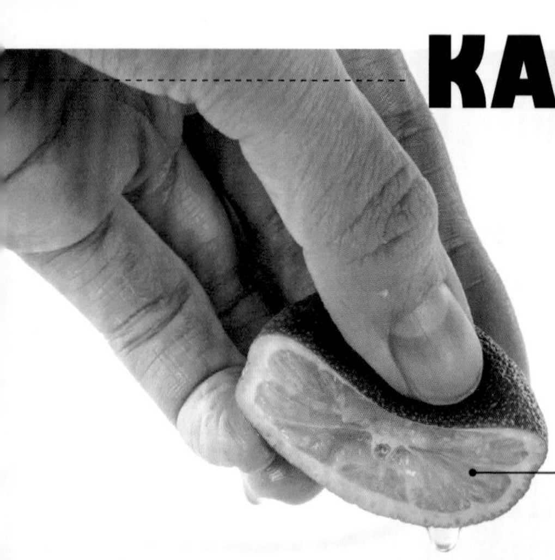

在有點疲倦的日子裡，想放鬆一下又想喝酒。這時想到的就是「適合下酒的湯品」。

這碗肉湯光是香味就足以配上好幾口酒。沒錯，正是柑橘香，酸酸甜甜的果汁味，舒緩舌尖味蕾，緊接著又從鼻腔深處聞到銳利的香氣。

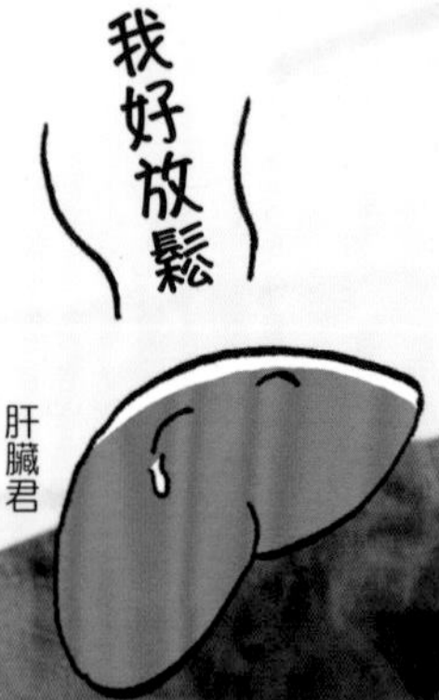

正因為其清晰明快的鹹味與不油膩，還是一道刺激五感的下酒菜。因此，將熱水淋在豬肉上，就能去除肉腥味與多餘脂肪，讓湯汁更加澄澈。

純淨的香氣，讓人從身體深處感到放鬆。攝取到水分也很暖胃。而大量的檸檬酸有助於消除疲勞，所以做成下酒「湯品」……是不是很棒呢！

材料

- 豬五花（肉片）……200g
- 大蔥……1根（100g）
- 鮮香菇……4朵
- A
  - 昆布……等邊5公分長×2片
  - 水……2又½杯
  - 味醂……2大匙
  - 鹽巴……½小匙
  - 醬油……2小匙
- 酸橘……2顆

作法

1. 豬肉切成6公分長後放進碗中，倒入熱水蓋過，靜置1分鐘取出。
2. 大蔥斜切成薄片，再將鮮香菇切成5公釐寬的片狀。
3. 將A倒入鍋（20公分）裡以中火加熱，沸騰後倒入①②，轉小火煮5分鐘。接著擠入酸橘汁。

酸香柑橘類霸氣程度排行榜

「酸香柑橘類」因為太酸而不太能生吃，但是很適合為料理增添風味呢。

1位 檸檬

適合搭配的酒

料理上最常淋的幾乎是檸檬，簡直就是柑橘王者。尖銳的酸味霸氣得不得了，就算淋在和食上，也會馬上捲起西式狂風，擁有強硬卻又惹人上癮的影響力。

2位 香橙

適合搭配的酒

氣味充滿「年節感」。十一月開始進入產季，果皮的香氣比果汁更百搭。只要一點點就非常明顯，無論搭配什麼樣的食材，都會馬上帶來年節般的氛圍。

3位 臭橙

適合搭配的酒

氣味猶如日常會去的小餐館，散發出優雅風情，是日本大分縣特產，可消除河豚或土雞的腥味。性質上與酸橘很像，但是尺寸卻大了二至三倍。產季是八至十一月。

酸橘 恰到好處！

適合搭配的酒

香氣與酸味都恰如其分，無論搭什麼都很適合的八面玲瓏型。這麼萬用的香氣，也很適合搭配高湯或白肉魚等具有細緻氣味與鮮味的食材。產季是八至十月。

鐵郎的自言自語

店長說：「想搭配紅酒的話，可以把豬肉換成牛肉。」當時其實想吐槽：「誰會以湯當紅酒的下酒菜啊?!」但一想到「下酒菜是娛樂」這句話，就還是忍住了。

KAORI

香氣四溢 溏心蛋爭霸戰

藉辛香調味打開食欲大門

最適合配酒的溏心蛋就是要水煮「8分鐘」。「6分鐘」太軟口感稍嫌不足，「10分鐘」則難以品嘗到蛋黃的鮮味。但是把剛從冰箱拿出來的蛋，直接水煮「8分鐘」，就能夠嘗到裡外都恰到好處的溏心蛋。

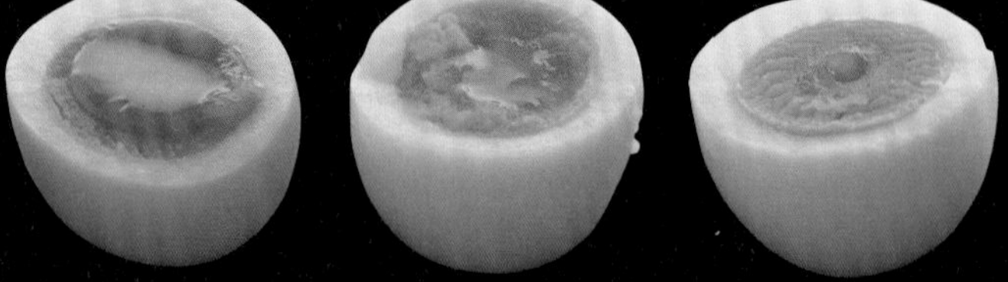

6分鐘　8分鐘　10分鐘

適合的酒

青紫蘇

取6片切成等寬8公釐。

最適合日式小餐館的下酒菜之王。清爽又富層次的青紫蘇香氣，能夠使蛋味變得圓潤。再搭配紫蘇燒酎就更完美了。

適合的酒

蘘荷

取2～3根蘘荷切成薄圈狀。

成為風味最搶眼的下酒菜之王。蘘荷的香氣容易散掉，但這可不是缺點，反而襯出蛋黃與蛋白的香氣。凝聚在舌尖的內斂滋味，實在非常下酒。

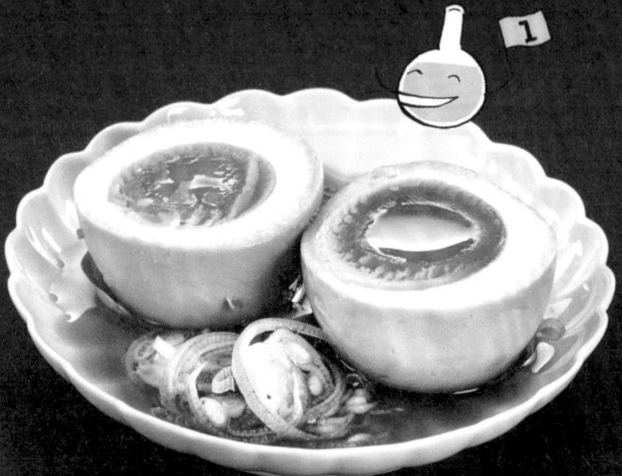

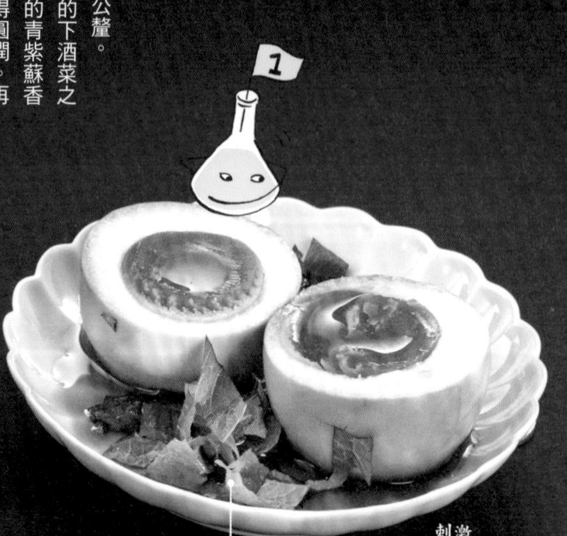

世界上有各式各樣的溏心蛋食譜，這裡要介紹的溏心蛋負責「打開食欲大門」，讓緊閉的胃舒展開來：「好想喝杯酒啊！」讓這項任務得以完成的力量不是「味道」而是「香氣」。你最喜歡哪一種呢？

材料

雞蛋…4顆

A
砂糖…1大匙
水…4大匙
醬油…2大匙

作法

① 將A放進小鍋裡，以中火加熱至快沸騰時關火。接著稍微放涼後，就與辛香類蔬菜一起放進保鮮袋。

② 將5杯熱水倒入小鍋中煮沸，接著用湯勺將剛從冰箱取出的雞蛋一一放入。以中火滾煮8分鐘。

③ 以篩子撈起後用冷水沖到完全冷卻再剝殼，然後浸泡在①裡，並在冰箱靜置6小時以上。完成後可放約5天。

適合的酒

韭菜

取⅓把（30g）切成2公釐寬。最適合在拉麵店喝一杯的下酒菜之王。極富衝擊力的韭菜香氣，能夠與雞蛋搭配的相得益彰。真沒想到溏心蛋還可以做韭菜口味的。

適合的酒

香菜

取兩根隨意切碎（2大匙）。最具亞洲風情的下酒菜之王。會在口中蔓延開的泰式滋味，讓人不禁想吃蒸雞與水煮蝦。再搭配泰國啤酒，就更有度假感了。

擺盤的時候，將溏心蛋切半，再淋上醬料，即可表現出符合滋味的視覺效果。接著拿起筷子，將溏心蛋連同爽脆的辛香蔬菜一起放入口中。直衝鼻腔的香氣與溏心蛋的濃醇，實在令人陶醉。

鐵郎的自言自語

剝水煮蛋的時候，表面總是凹凸不平……（店長：煮好後立刻用冰水等急速冷卻，直到蛋整體沒有熱度為止。如此一來，雞蛋就會收縮並與蛋殼間產生空氣，然後變得超級好剝。）

用求生本能追求的「火烤香氣」下酒

第一次在家用烤網就上手

烤出焦香的糯米椒、
每次咬下就會爆出汁水的鮮香菇、
熱騰騰的現烤魟魚鰭、鬆鬆軟軟的當季蠶豆……
粗獷、簡單好做又極富廣度的香氣，
與平底鍋烹調出的截然不同。
能帶來如此口感與香氣的，正是「烤網」。
「我家沒有烤網，所以做不來。」
請各位酒饕不要自我設限，
務必在家裡準備一組烤網。
買回家後會發現相當簡單，
搞不好還會因為太方便，
與食材烤出來的美味感到驚艷。
對人類文明來說，
最大的轉捩點就是「火」的發現。
今晚將帶來的，是與火焰一起登場的「香氣」。

1. 用「食材」的香氣配酒

用平底鍋煎的時候，食材是隔著鍋子受熱，使用烤網的話，食材就會完全接觸到火，因此水分特別容易蒸發。水分徹底蒸發後，食材會變得有點像乾貨，鮮味徹底濃縮在食材中了。

2. 用「表皮」的香氣配酒

P.49介紹的「燜烤法」，將整個食材表皮烤至焦黑。如此一來，焦香會滲入食材，帶來更有層次的香氣。而燜烤的效果，也會使食材更加濃醇甘甜。

3. 用「野性」的香氣配酒

在狩獵採集時代，人們會將取得的食材放在火堆上烤。當時還沒有油的概念，僅靠火力烤熟食物，會散發出簡單的野性香氣。即使在家獨自小酌，也會因為聞到這樣的香氣時，感受到一群人圍著火吃肉喝酒般的宴會氛圍。

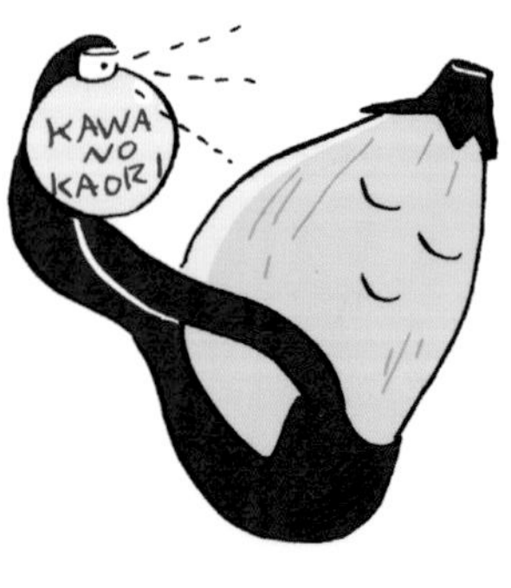

◎該怎麼使用？

烤網擺在瓦斯爐上，用中火加熱2～3分鐘後再開始烤。如果瓦斯爐有防乾燒的功能，就需要搭配專用的輔助爐架。另外，也可以把卡式爐搬到餐桌或客廳桌上邊烤邊吃。建議準備小巧的食物，一點一點慢慢烤。

◎用烤網會冒煙嗎？

依食材而異。蔬菜頂多是水分蒸發而已，不太冒煙。但若是烤魚類、肉類等富含脂肪與蛋白質的食材，就必須把抽油煙機開到最強，不然連瓦斯爐都會弄髒。此外，氣味可能會附著在家中久久不散，若是不希望讓家裡成了「燒肉店」，就不建議嘗試。真的想用烤網的話，又不想弄髒屋內的話，建議拿著卡式爐到戶外或庭院烤。

◎該怎麼清潔？

烤網冷卻後用棕刷清洗後晾乾，平常豎起來放的話就不會太占空間，所以應該不難收納。

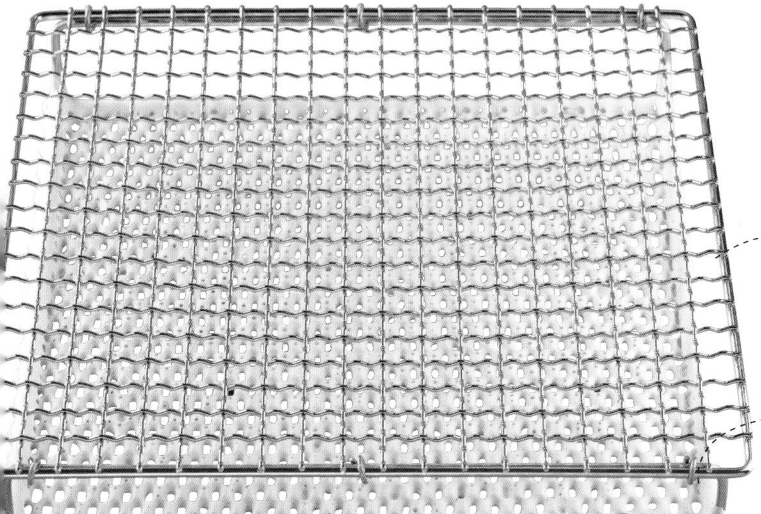

調理用具專賣店或網路上都有賣，價格約2000日圓左右。

建議購買下面有陶瓷底層的「陶瓷烤網」，導熱性較佳，食材受熱比較均勻。沒有陶瓷底層的烤網，食材只會烤到碰到火的那一面，因此只適合戶外烤肉。

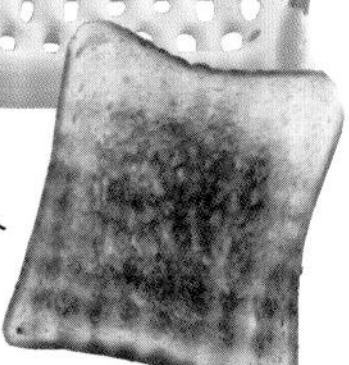

早餐也可以派上用場。烤厚片土司時，外酥內軟到令人大吃一驚的地步。此外，過年時還可以用來烤年糕。

如果烤網邊長超過15公分，就可以一口氣烤很多食物了。

烤法有兩種

一、炙燒法

炙燒，指的是以直火將表面烤得香酥的料理法。30秒就翻面一次，可以在受熱均匀的情況下蒸散掉大部分的水分。但是過度翻面會使熱能無法燜熟內部，所以嚴禁太頻繁地翻面。使用木筷翻面容易燒焦，所以請使用不鏽鋼夾。另外，也別忘了烤香菇喔。

魟魚鰭　翻面5次

烤之前先用水：酒＝1：1比例浸泡一分鐘。烤到變形就馬上翻面，並反覆翻烤數次。吃的時候撕開即可。

炸豆皮　翻面4次

表面出現帶有酥脆感的焦色時就翻面。

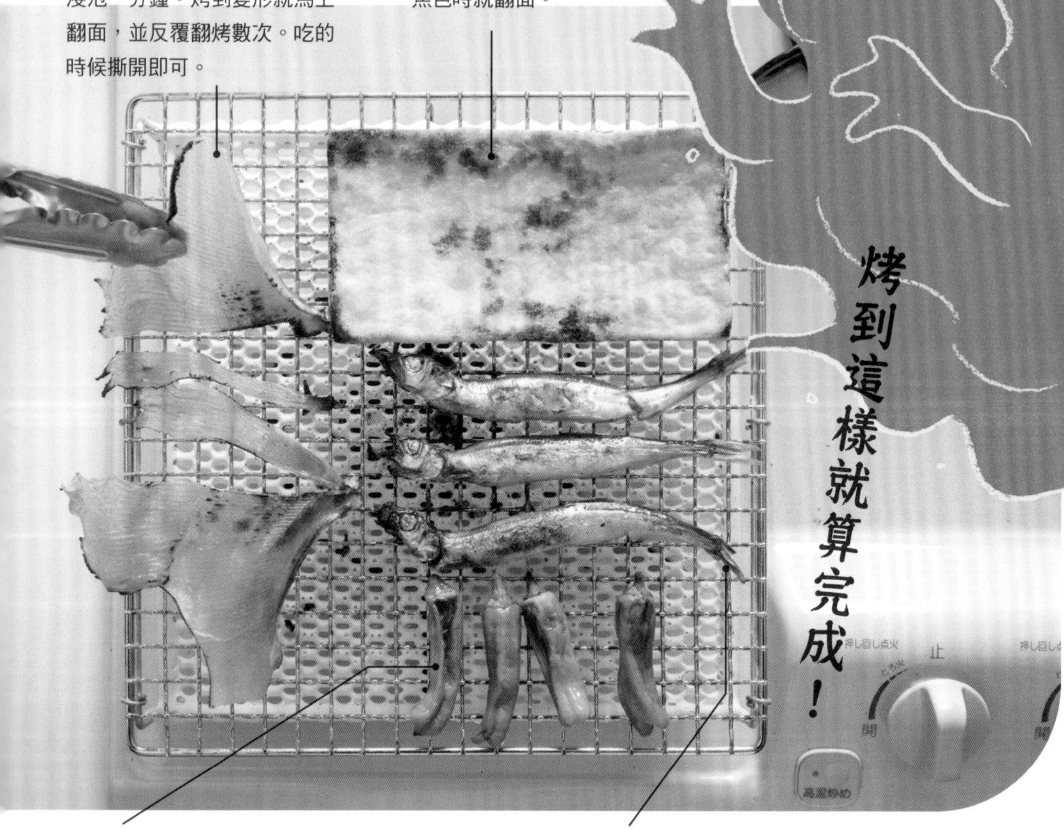

糯米椒　翻面4次

烤之前先在表面沾油，一出現焦色馬上翻面。

柳葉魚　翻面4次

烤之前冷凍10分鐘，這樣魚皮比較不容易黏在烤網上。烤的時候腹部開始出油時就翻面。

二、燜烤法

用鋁箔紙整個蓋住食材，烤到焦黑時再移除鋁箔紙並剝皮，品嘗內容物的料理法。如此一來，表皮的香氣會滲入內部，增加甜度。大蔥、蠶豆、玉米都很適合。

超美味茄子的作法

① 擺上烤網後，用中火加熱5分鐘。

② 用菜刀繞著茄子（2～3條）蒂頭根部劃下淺淺切痕，藉此剝除果蒂。

③ 在茄子上劃出兩條深度直達中心的縱向切痕。

④ 將茄子擺在烤網上，上方以鋁箔紙蓋住。接著反覆翻面並視情況把火調大，約烤10分鐘就完成。

⑤ 擺在砧板上，用調理夾迅速從蒂頭剝皮並擦乾水氣。

蒂頭不要拿掉，這樣茄肉烤軟後會比較好處理。

一旦夾起時稍微軟塌，且切痕處釋出水分即完成。

只有烤網才做得出來！

也可以擺在器皿上，直接用剪刀剪開。很適合搭配薑味醬油跟香鬆柴魚片喔～

調整香氣的「濃度」細細品味

韓式生拌牛肉風綜合生魚片

費了一番工夫才真的做出生拌牛肉風料理。原本應該要搭配「苦椒醬」，就是韓式拌飯等在用的甜辣醬料。一般吃到的「生拌牛肉」都是這種風味的，但是……

考量到不是每個人家裡都有苦椒醬，所以試著用家裡的調味料搭配，看能不能調出生拌牛肉般的滋味。但是總覺得不夠味，因此……

加了味噌。結果很成功！滋味濃醇，散發出完全不像廉價綜合生魚片的甜辣濃郁的香氣。其實做到一半，光用聞的就覺得很好吃了，不過最終還是動用了九種食材，成功做出「生拌牛肉風」。

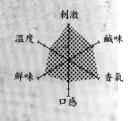

生魚片如何變身成生拌牛肉風？

材料

綜合生魚片（鮭魚、鮪魚等）……150g

淡

特別搭的酒

第一層次

鹽巴（¼小）＋麻油（1小）

生…？
麻油鹽味生魚片，是很好吃啦……

第二層次

鹽巴（¼小）＋麻油（1小）＋蒜頭（磨成泥，¼瓣）＋醬油（1小）

生…拌…？
好像有點樣子了。

第三層次

鹽巴（¼小）＋麻油（1小）＋蒜頭（磨成泥，¼瓣）＋醬油（1小）＋

薑（磨成泥，½片）＋味噌（1小）

生拌牛肉風
看起來很像生拌牛肉了。

第四層次

鹽巴（¼小）＋麻油（1小）＋蒜頭（磨成泥，¼瓣）＋醬油（1小）＋薑（磨成泥，½片）＋

味噌（1小）＋再加點麻油（2小）＋純辣椒粉（適量）＋黑胡椒（適量）＋蛋黃（1顆）

這下子根本可以拿去店裡賣了！
生拌牛肉風～！

濃

可以這樣搭配

↓ 適合搭配不甜的白葡萄酒。

↓ 調一杯高球。

LABORATORY 也會香嗎？

實驗食譜

最近市面上出現軟管包裝、粉末等各式各樣的蒜頭調味料，那麼這些調味料的滋味真的贏得過「新鮮蒜頭」嗎？所以這邊就用以蒜味為主軸的下酒菜——夏威夷蒜味蝦比較看看，結果是……？

材料

距離可以吃還有 20分鐘

- 帶殼蝦子……12隻（200g）
  （白蝦的殼比草蝦薄，所以比較推薦）
- A
  - 醬油……1小匙
  - 鹽巴……1又½小匙
  - 麻油……1小匙
  - 蒜頭（磨成泥）……2片　這可替換！
  - 黑胡椒……1小匙
- 麵粉……6大匙
- 沙拉油……適量
- 檸檬（切成半月狀）……¼顆

作法

1. 在蝦背劃出刀痕以取出腸泥。接著拌入A後靜置5分鐘。
2. 將麵粉倒入容器中，放入蝦子沾裹麵粉，接著抖掉多餘粉末。
3. 將油倒入平底鍋（20公分）約5公釐高，以中火加熱3分鐘。接著放入蝦子，將火轉大一點油炸4～5分鐘，直到麵衣酥脆後，擺盤，擠上檸檬汁。

蝦子剝殼後，味道會變單薄。

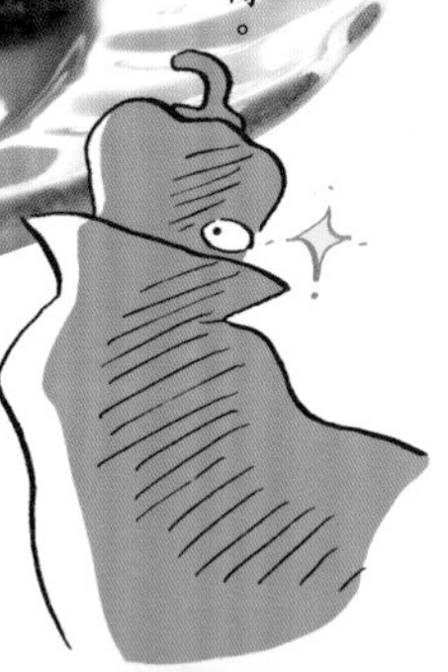

這裡的蝦殼也是一大重點，香氣與鮮味俱足，非常好吃。所以請先帶殼吃吃看，真的不喜歡再邊剝著吃。

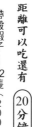

OTSUMAMI

市售軟管蒜泥

data

特別搭的酒

可以這樣搭配

↓調一杯高球。

試著將食譜中的蒜頭，以這3種不同的型式料理比較看看。

C	B	A
蒜粉	新鮮蒜頭磨成蒜泥	軟管蒜泥
（撒10下）	（20g、2瓣）	（20g、2cm）

結果

全都都很好吃！

並不是我放棄評論，真的各有千秋。

A帶有最大值的蒜香味，一直到最後都保有餘韻，很像西班牙餐廳等會端出來的小菜，讓人不禁想配白酒。但是水分偏多，所以麵衣較難炸得酥脆。但是調整火候就可以改善。

B入口的瞬間，就有極富衝擊力的香氣湧上。因為蒜味特別重，反而尾韻非常自然清爽。此外，還感受得到蝦的甜味，很適合搭配日本酒。

C完全就是「小菜」了。輕盈的滋味與咬下時的酥脆感，比較接近蒜味點心。雖然帶有廉價感，但是意外適合夏威夷蒜味蝦這種重油的料理，會想搭配氣泡感偏強的酒。

一直以為「還是贏不過真正的蒜頭吧」，不過每個人喜好的蒜味見仁見智。所謂的「真正」，真的有意義嗎？

蒜頭常有的事

切完後忍不住一直聞手指。

保證下酒的蛋包納豆

完美發揮醬油的香氣

一直以來對蛋包納豆的製作都很模稜兩可，做是做得出來，但是要當下酒菜好像有點怪，看起來也是溼糊糊的。但也不想就此放棄。

自然而然加了納豆附贈的醬包，結果發現好像太甜了，不太下酒。這樣啊，原來附贈的醬料這麼甜啊！所以決定把醬料加在蛋裡，納豆改用一般醬油。如此一來，就多了俐落的鹹味，整體滋味也更具層次。太棒了！

蛋包納豆的形狀很重要，可以的話當然想要美一點。這裡試著不要用「包」而是用「折」的。將納豆擺在雞蛋的前半邊，將另一半折過來，就形成了漂亮的半月形蛋包納豆。這樣任誰都做得出來了，太好了！

距離可以吃還有10分鐘

特別搭的酒

材料

納豆（小粒裝的）……1盒（40g）
醬油……2小匙
雞蛋……3顆
沙拉油……1小匙
奶油……2小匙

作法

1. 把醬油、附贈的黃芥末倒入納豆中一起拌勻。
2. 將蛋打入碗中，倒入附贈的醬料，接著立直筷子攪拌30次，避免打出泡沫。
3. 將油倒入平底鍋（20公分）後，用中火加熱2分鐘。接著放入奶油，待奶油融化後一口氣倒入蛋液。
4. 四周稍微凝固之後，就用橡膠刮刀快速攪拌20次。接著轉小火，把納豆倒在前半邊，接著將另一邊的蛋折過來後，繼續煎2分鐘左右。

建議和納豆一起採買的3種蔬菜

蛋包納豆因為有「雞蛋」發揮緩衝作用，使納豆的強烈香氣溫和許多，變得適合下酒。除了雞蛋之外，還可以搭配左邊三種蔬菜，如此一來，就能夠提引出最適合當下酒菜的香氣。

山藥＆納豆

輕盈的口感很搭燒酌。若再加入黃芥末的話，山藥的黏稠感會變得較俐落。

酪梨＆納豆

濃重的滋味讓人每天都想吃，而且很適合搭配紅酒。

秋葵＆納豆

去吃迴轉壽司時都會點的秋葵納豆，帶有青草香氣，出乎意料地適合威士忌。

下酒菜知識

「納豆」一詞最早出現在平安時代的文獻《新猿樂記》，當時據說稱不會牽絲的類型為「塩辛納豆」。

賣相100分，製作難度1分

煙燻鮭魚就是要配西洋芹

接下來發表「大眾口味的最佳拍檔獎」，打敗「西瓜搭鹽巴」的是……

煙燻鮭魚佐西洋芹！

那麼，各位評審請發表得獎原因吧。

評審長二角瑪莉亞許老師：「鮭魚在北歐的最佳拍檔是香草『蒔蘿』，但是其實西洋芹也擁有與蒔蘿相同的香氣成分。菜色研發者竟然能注意到這一點，實在令人震撼。」

緊接著是酒殿愛翔老師：「煙燻鮭魚其實不便宜，但如果搭配芹菜的話，就算量很少也能吃得心滿意足。對我這種總是一小口一小口慢慢吃的人來說，無疑是好選擇。」

最後是味良卓越老師：「這樣的搭配完美抓到重點了。鮭魚一百公克的用量恰到好處，偏重的鹹味中和了西洋芹過多的水分，吃到後半仍不嫌膩。」

那麼請各位再次給予熱烈的掌聲吧。

材料

- 煙燻鮭魚（帝王鮭魚等）…100g
- 西洋芹…½根（50g）
- 西洋芹葉片…2～3片
- 黃檸檬…¼顆
- 橄欖油…2小匙
- 胡椒…少許

作法

1. 撕掉西洋芹葉柄的粗纖維後，斜切成薄片。葉片稍微捲起後切碎。
2. 取煙燻鮭魚將芹菜片包起來後擺盤。鮭魚太小片的話，就改成涼拌。
3. 檸檬削皮後切成三角片狀，擺在鮭魚上，並淋上橄欖油、撒胡椒與芹菜葉片。

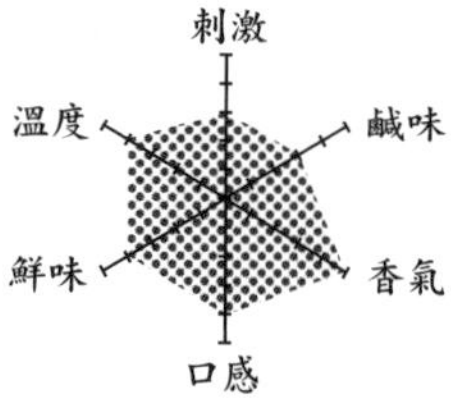

data

距離可以吃還有 5分鐘

特別搭的酒

可以這樣搭配

↓撒上大量黑胡椒以增添辣味。

西洋芹有「葉片」與「莖」，很適合一菜兩吃。葉片可以當成辛香料，取代青紫蘇或巴西里等。

下酒菜知識

葉片用剩的話還可以——切碎後搭配P.44的溏心蛋、搭配P.122的西班牙蒜蝦，或是大量撒在P.136的香煎鹹豬肉上。西洋芹獨特的華麗風味，和冰透的有氣泡酒款非常搭。

鐵郎親手做做看

六月十二日

我試著做了奶油炒菇。一直以為杏鮑菇是很平凡的菇類，沒想到切成圓片狀，就形成像是扇貝的口感很新鮮也好吃。再加上蒜頭的辛辣，真的非常下酒。我以前太小看杏鮑菇了。途中改喝燒酎時，突然想要換點下酒菜的風味，因此便撒了青海苔粉。結果散發出超乎想像的海鮮香氣，讓我不禁後悔：「早知道一開始就加了……」不，不過還是慶幸品嘗到了杏鮑菇的美味潛力。以這個情況來看，似乎能在青海苔粉過期前用完呢。

六月十八日

我忍不住下單買了烤網，網購就能買到，非常方便。坦白說我很懷疑自己到底會不會用，已經放進購物車一個月了。最後下定決心購買之後，用起來比想像中還好用。我先烤了鮮香菇跟糯米椒，然後又烤了一直想試的魟魚鰭。我在廚房烤到微焦之後，就連同烤網一起搬到餐桌上享用，頓時彷彿置身在居酒屋，真有趣。

KAORI

六月二十三日

我去超市時發現蝦子很便宜。上面寫著「白蝦」，所以做了人生第一次的「夏威夷蒜味蝦」。之前在店裡吃的時候，連殼都很酥脆好吃。不過我添加了蘑菇，結果釋出的水分讓麵衣變得不夠酥脆，看來不該這麼快就想要自行變化。幸好還是很美味，我還舔著手指上的蒜味，大口喝下高球。嗯，除了嘴巴破不能吃，蝦子果然要帶殼才好。不過話說回來，嘴巴破的時候還可以吃夏威夷蒜味蝦嗎？這麼說來，我當時在店裡聽到猶如地鳴的聲音表示：「蝦子剝殼後，味道會變單薄。」那到底是什麼聲音呢？那間店是否還有別人呢？記得店長當時看起來好像很害怕……不，應該是錯覺吧。

六月三十日

昨天第一次親手製作了海苔炸竹輪。我從來沒想過會親手炸東西，不過這下確定了至少半煎半炸沒問題。現炸的美味讓我等不及，直接就在廚房配著冰涼啤酒大快朵頤起來，頓時有種自己在拍銀麥啤酒廣告的感覺。啊，昨晚好像就作了這樣的夢——我在公園看到和水泥管一樣大的竹輪，然後就好像被吸走一樣進了洞裡，卻發現超級窄的。當時我還在思考「原來不是軟的」，然後就把竹輪切成一半，沾上麵糊……接下來就想不起來了。我記得作家川端康成好像說過夢境是無法解釋的，但是不會連這個也是我在作夢吧？

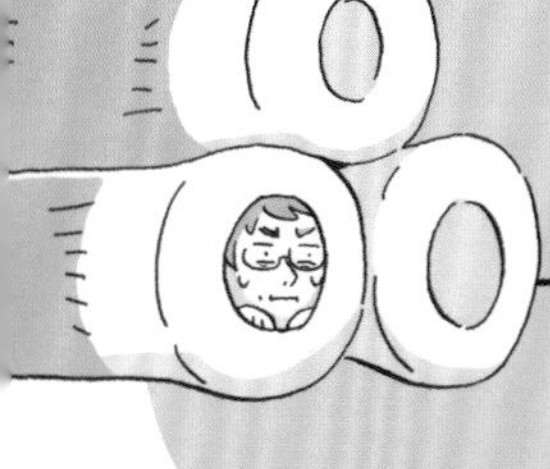

用口感配酒

登一登
咔嗞
咔嗞
咔嗞
咔嗞
咔嗞
咕嚕
啊～～!!
炸火腿配啤酒最棒了！
看你喝得很開心呢！
炸火腿這種……酥脆聲音傳到腦中的暢快感很棒，
高麗菜也很清脆，
實在令人上癮。
咔嗞
咔嗞
啪嚓
啪嚓
沒錯！
酥脆跟清脆。
今天的研究主題就是「口感」！

以這些為例，你比較喜歡哪種下酒菜呢？
A
爽脆
清脆
喀哩喀哩
綿密
多汁鮮脆
酥脆
有彈性
有嚼勁
Q彈Q彈
水嫩水嫩
黏呼呼
輕盈滑順
軟爛
鬆軟
B
我應該選A吧！
B看起來很像粥或湯……
雖然也不是不能配酒。
沒錯！口感A、B的差異和水分多寡有關。
炸火腿的含水量就很低，
所以會忍不住想喝啤酒。
咕嚕咕嚕
咦？但是高麗菜含水量很高耶……？
啪啪
高麗菜是醒酒用。
咦？醒酒？
具有代替水的功能喔。
每次喝酒都會一直跑廁所，對吧？
喝得再多，鈉會跟水分一起排出體外了。
確實如此！喝完酒的隔天喉嚨通常乾得不得了。
乾巴巴
乾巴巴

雖說喝酒時，只要很多水就沒問題了。
但是手總是忍不住伸向高麗菜，結果就吃得更飽……
咻咻
這是因為想要「咬點東西」的緣故！
喀啦喀啦
想咬點東西……？
本來，咀嚼會刺激飽食中樞，
但是一喝了酒，其實不用咀嚼也就飽了。
肚子飽了。
肚子飽了。
嚼啊嚼
不過這樣就無法滿足很想嚼東西的欲望了。
所以才會忍不住想吃點堅果或米果～
小酌時光很重視進食節奏的！
咔咔
咔咔
清脆 清脆
咕嚕咕嚕！
啵啵啵啵
口感能夠帶來完美的節奏。
綿密
隨手關燈
哇——
啪啪啪
你不必拍手啦……
待續

一口氣用完家庭號包裝

酥脆八層炸火腿

請看看這個切面，簡直就像千層酥一樣。使用的不是厚火腿，而是由多片里肌火腿薄片組成，才能夠形成這樣的層次。而火腿的柔軟口感，則進一步襯托麵衣的酥脆。

坐在巷弄小店的吧台座位，續第二杯啤酒時就會開始想點炸火腿了。人有時也會格外想念加工肉的人工味道。

麵衣的酥脆祕密就是「麵糊」，這個以麵粉與水拌成的濃稠液體，包覆在口感扎實的火腿外，營造出外酥內軟對比性的口感。雖然也可以使用蛋液，但是炸起來就會偏軟。

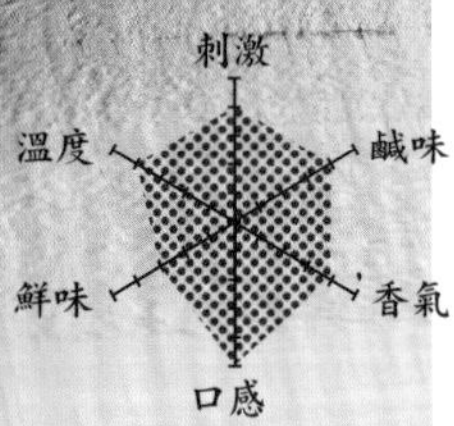

距離可以吃還有10分鐘

特別搭的酒

材料

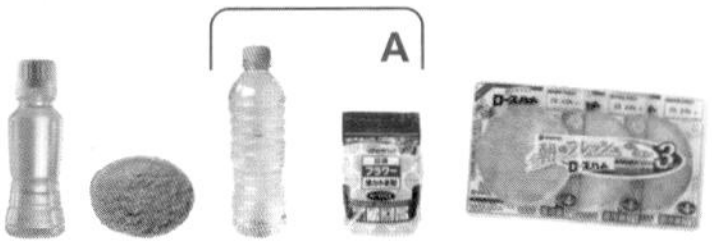

- 里肌火腿……共計12片的大包裝
- A 麵粉……3大匙
- A 水……2大匙
- 麵包粉……12大匙
- 沙拉油……適量

作法

1. 4片火腿疊在一起切半後，再進一步疊成8片。共計製作3組。
2. 火腿沾上拌勻的A後，再裹上一層麵包粉。
3. 將油倒入平底鍋（20公分）約1公分高，中火加熱2分鐘。放入②後炸約2分鐘直到麵衣酥脆，然後翻面再炸2分鐘。

鐵郎：不好意思，我想做炸火腿，所以來超市採買。請問應該買乾燥麵包粉還是生麵包粉呢？

店長：兩種都有人用，但是我比較推薦乾燥的，因為期限比較長，而且粉粒小比較好把油瀝乾，能夠輕易炸得酥脆。生麵包粉的粉粒太大，會吸很多油。不過，吃起來倒也比較有飽足感。

鐵郎：太感謝了。這是我人生第一次買麵包粉……除了炸火腿之外，不知道還能用在哪裡，所以很擔心買太多。總之我先買買看。

店長：別擔心，你可以把麵包粉當作乳酪粉使用。

鐵郎：乳酪粉？

店長：沒錯，可以代替乳酪粉喔。不妨把麵包粉、橄欖油、蒜泥倒入油鍋後炒至金黃酥脆。

鐵郎：金黃色……

店長：把成品撒在沙拉或是燙青菜上會很好吃喔。再來就是在炒蝦子、扇貝、蘆筍等表面光滑的食材時，最後再灑上麵包粉的話，它會吸附調味料跟油，然後包裹住食材，讓料理變得更好吃。

鐵郎：原來如此！太厲害了，那我馬上就買！

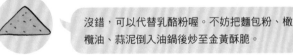

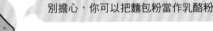

咔哩咔哩

分三階段食用

脆脆高麗菜與守破離的醬料

守破離是什麼呢？其實是茶道或武藝等的修業境界。「守」指的是記住師父指導的模式並守住。「破」指的是往外踏出一步，跳脫原本的模式。「離」是按照自己的方式，創造出新模式。這裡示範的醬料，遵循這三種原則，將清脆的高麗菜分階段享用。

① 守的醬料 讓人想吃好幾次

美乃滋⋯2大匙
芥末籽醬⋯1小匙
醬油⋯½小匙

高麗菜的外葉較平而薄，適合偏黏稠的醬料。也可以用菜葉包起醬料食用。

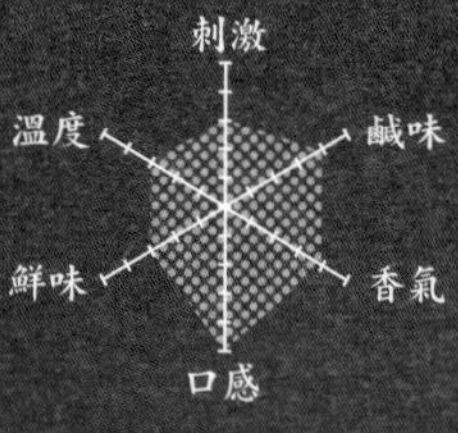

搭配特別的酒

想讓高麗菜清脆的話，請切出⅛大小後整體過一次水，接著再僅讓菜心部分泡水約20分鐘再放到冰箱。

高麗菜的「維生素U」可以促進胃的新陳代謝和保護胃部黏膜並促進修復。另外，還有幫助消化的「澱粉酶」等營養素。

③ 離的醬料 似醬非醬

鹽巴⋯¼小匙

乳酪粉⋯1大匙

胡椒⋯撒5下

高麗菜中心的含水量高，葉片也較密集，所以選擇蘸粉而非醬料。如此一來，就能吃到最後一口都感到清爽而不膩。

② 破的醬料 添加少許變化

醬油⋯1小匙

麻油⋯2小匙

黃芥末⋯½小匙

高麗菜內側有恰到好處的凹陷，可以將較清爽的醬料放在該處食用。銳利的辣味，能夠襯托高麗菜的甘甜。

SHOKKAN♪

×公分就能夠多做一道

唱歌的山藥小菜

準備100g的山藥

山藥絲

—作法—

① 山藥削皮後，切成5公分細絲。裝盤後放一些山葵醬後，再淋上醬油。

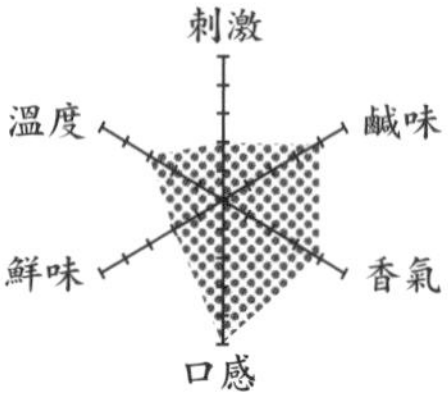

炒山藥

—作法—

① 山藥削皮後，切成5公分×8公釐的棒狀。

② 將麻油（1小匙）放進平底鍋（20公分）裡用中火加熱，接著將山藥鋪擺好煎2分鐘，再炒1分鐘。最後撒鹽巴與胡椒。

避免手滑的山藥處理方式

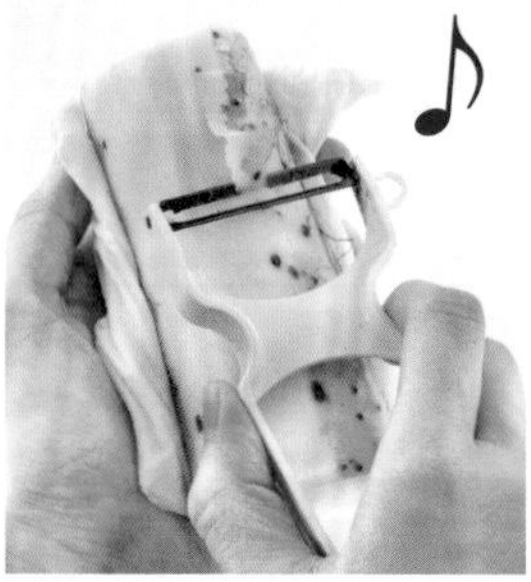

- 廚房紙巾打溼擺在砧板上，接著擺上山藥就很好切。
- 嫌麻煩的話可以不削皮。畢竟大部分的蔬菜只要洗乾淨，都可以連皮一起吃。山藥當然也不例外。
- 畢竟生吃的時候，還是不太想吃到皮。所以拿山藥時墊著廚房紙巾，邊轉動山藥邊削皮就不會滑掉了。

特別搭的酒

可以這樣搭配

「炒」或「香煎」時可以加點奶油，「泥」的版本則可擺上火腿。

香煎山藥

作法

① 山藥清洗乾淨，連皮一起切成1公分厚的圓片。

② 將山藥放進平底鍋（20公分）後，淋上麻油（1小匙）再開中火。煎2～3分鐘後，翻面再煎2～3分鐘。最後淋上醬油佐山葵醬盛盤。

山藥泥

作法

① 山藥削皮後隨意切塊，接著放進耐熱容器。

② 加水（1大匙）、鹽巴（少許），再以可以微波的保鮮膜鬆鬆地覆蓋在表面後，用微波爐加熱2～3分鐘。

③ 取出後稍微冷卻一下，再隔著保鮮膜搗碎，然後拌入美乃滋（1大匙），最後撒上青海苔粉。

我試做這道食譜的時候，忍不住驚呼：「沒想到塊根類食材也這麼下酒！」只要買一根四十公分的山藥，就可以每天切十公分做成不同風味的下酒菜。

山藥俳句

手滑了 不想煮了 不如乾脆去睡了

LABORATORY

才好吃？

實驗

食譜

魚板可以搭配山葵食用，
也可以用油煎過享受Q彈口感。
不管怎麼吃都很美味。
但是，是否有所謂「最美味」的吃法呢？
因此我便試著切成不同厚度，找出最棒的口感。

恰到好處的口感，煎過確實更香，正是香煎的美味。生吃則有種「正統魚板」的感覺，也就是還缺一個亮點。

烏龍麵上增加色彩的魚板，就是這個口感。雖然好吃，但是以下酒菜來說口感稍嫌不足。

OTSUMAMI

data

特別搭的酒

可以這樣搭配

↓對半切開後，夾入乳酪。

魚板幾公分厚

結果

生吃2公分，香煎1公分

難以置信的厚度。不！與其說是厚度，不如該說變立體了。這已經不是「吃」而是「啃」了，實在是做過頭了。至於滋味與口感，也已經不是煎不煎的問題了。

風味絕佳，口感很有彈性——吃下第一口時覺得很衝擊，但是細細咀嚼後，會發現魚板的香氣餘韻不絕，意外地好吃。倒是感受不出煎的意義。

下酒菜知識

想要拆下魚板下方的木片時，用刀背即就可輕鬆切下——雖然順手，卻有些空虛。

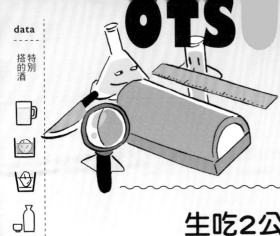

KAORI

鮮脆多汁生青椒

水分都噴到鼻頭了

喀沙 唔嘛 喀沙 唔嘛 喀沙

其實青椒也可以生吃。輕咬後，鮮脆多汁的水分甚至會噴到鼻頭，但是要怎麼做才有這樣的口感呢……？

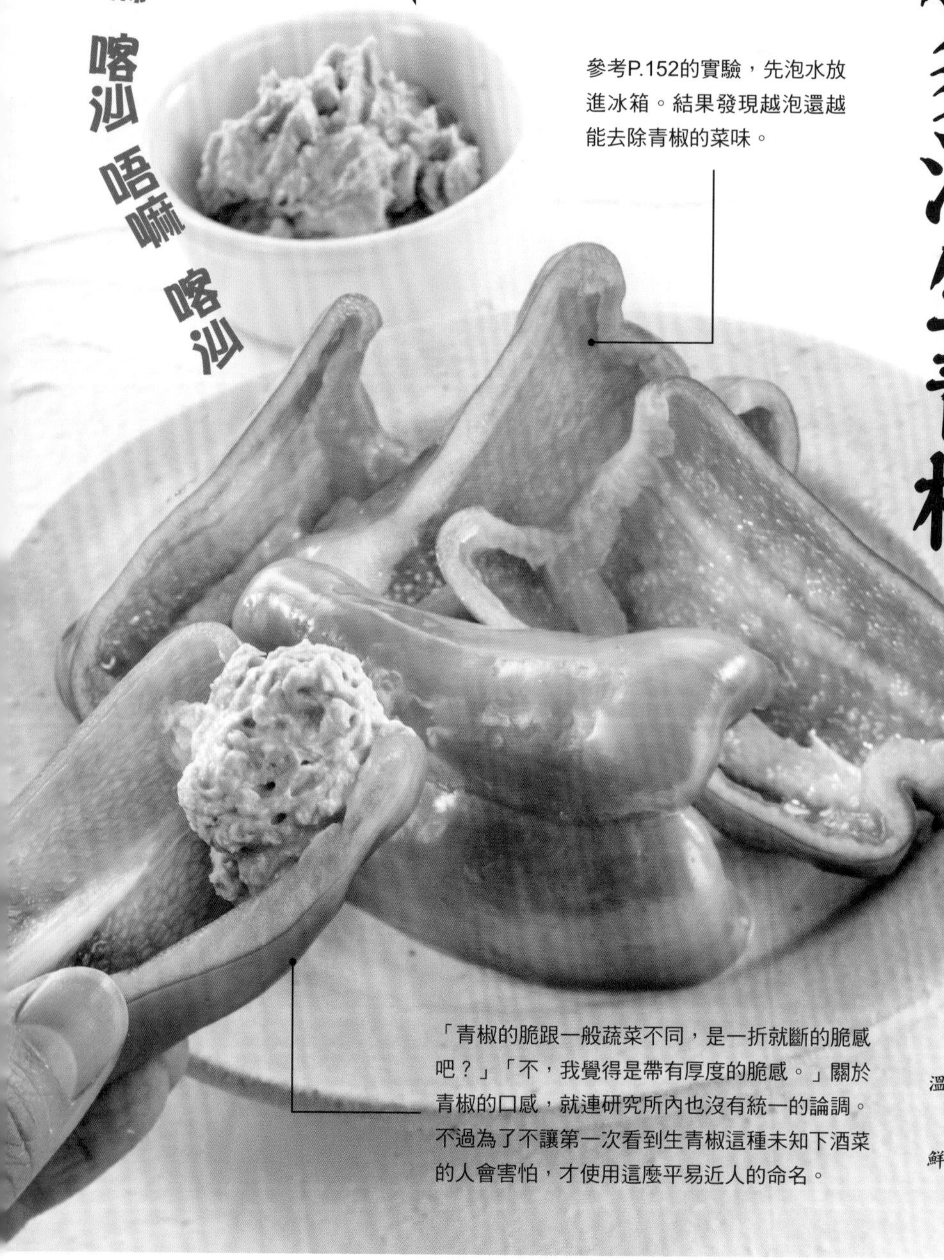

參考P.152的實驗，先泡水放進冰箱。結果發現越泡還越能去除青椒的菜味。

「青椒的脆跟一般蔬菜不同，是一折就斷的脆感吧？」「不，我覺得是帶有厚度的脆感。」關於青椒的口感，就連研究所內也沒有統一的論調。不過為了不讓第一次看到生青椒這種未知下酒菜的人會害怕，才使用這麼平易近人的命名。

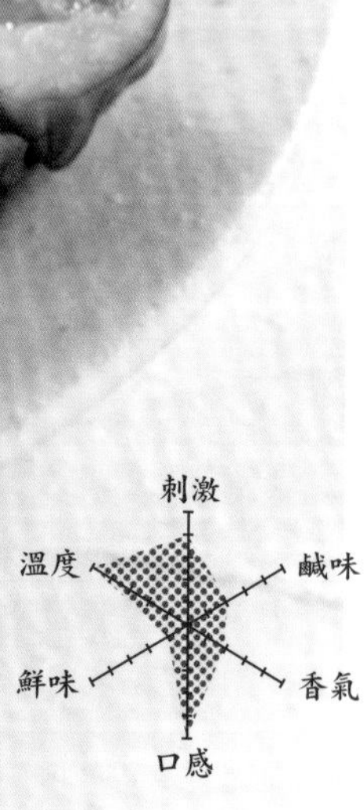

特別搭的酒

可以這樣搭配

↓調一杯高球。

生青椒 V.S 強勢蘸醬

材料

青椒…2~3顆

作法

1 將青椒縱向切半後去籽。可以的話，盡量早上泡水後就放冰箱，靜置6個小時以上。浸泡2~3天也OK。

奶油乳酪黃芥末醬油

奶油乳酪…30g
醬油…1小匙
黃芥末…½小匙

會被黃芥末搶鋒頭嗎？絕對超乎想像。

香蒜味噌

味噌…2大匙
蒜頭（磨成泥）…½瓣

味噌可不是只有溫柔。

奶油乳酪味噌美乃滋

奶油乳酪…30g
味噌…1大匙
美乃滋…1小匙

青椒，我要讓你散發水果鮮甜！

薑味醬油

醬油…1大匙
薑（磨成泥）…¼片

不可以用市售軟管商品，要自己磨喔！

口感與香氣都很強烈，所以像美乃滋或鹽巴這麼溫和的滋味完全比不過。必須派出勢均力敵的強棒，才能夠一較高下。

鐵郎的自言自語

我把相同的泡水作法應用在小黃瓜棒和白蘿蔔片，結果鮮脆多汁到令人驚艷！或許這樣會造成維生素C流失，但是沒關係，維生素可以從其他地方補充。

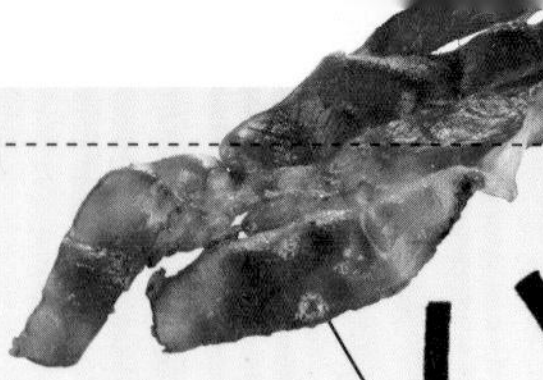

回過神時會發現已掃光盤子

停不下來的酥脆培根沙拉

咔哩 咔哩 咔哩 咔哩 咔哩 咔哩 咔哩

「外酥內實」正是沙拉專用培根的代名詞。但是若煎到完全脫水，口感像酥片一樣的話，就會與蔬菜差距過大，難以串起出整道沙拉的口感。

一口培根、一口蔬菜、一口培根、一口蔬菜……酥脆口感直達天靈蓋，讓人像在吃水果一樣，一口接一口。平常都用盡義務的感覺在吃沙拉的人，請務必嘗試這種一吃就停不下來的口感。

水分會讓沙拉扣分。輕盈的葉片表面沾到水後，會因水的重量而軟塌。為了避免變得「好像在吃水而不是吃菜」的狀況，建議使用沙拉脫水器。

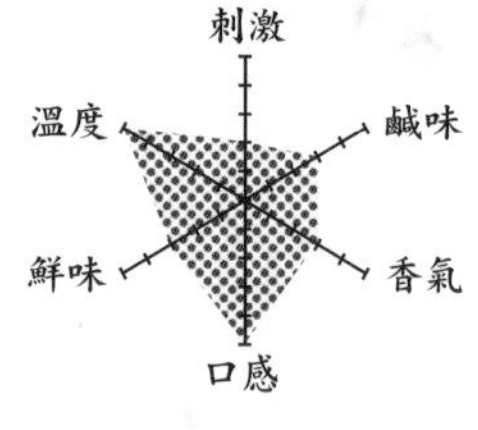

距離可以吃還有28分鐘

特別搭的酒

請挑選口感輕盈的紅酒。

材料

- 洋蔥……¼顆（50g）
- 貝比生菜……1大包（50g）
- 培根……2片
- 橄欖油……1大匙
- 鹽巴……¼小匙
- 醋……2小匙
- 胡椒……少許

作法

1. 洋蔥切絲。容器中放入冰水，同時浸泡洋蔥與貝比生菜20分鐘。
2. 培根切成2公分寬，然後平底鍋（20公分）以中火煎3～4分鐘直到酥脆。
3. 蔬菜擦乾後放進碗中，接著倒入橄欖油用手拌勻。
4. 撒上鹽巴拌勻，接著添加醋、胡椒後拌勻，最後擺盤並鋪上培根。

這裡的冰水是指剛從冰箱取出的溫度，約5℃。

沒辦法再回去吃沒有酥脆口感的沙拉了

為了健康多少得吃點沙拉，但是到底為什麼這麼難以入口呢？都是因為缺乏酥脆的關係。沒錯，沒有酥脆口感的沙拉，就像沒有貓的暖桌。

綜合堅果

洋蔥酥

麵包丁

玉米片

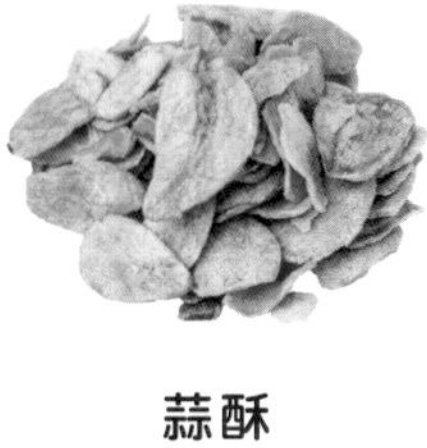

蒜酥

煎過的乳酪絲

鐵郎的自言自語

洋蔥酥買了好怕會用不完……（店長：這種酥脆的東西水分很少，所以效期也很長。而且如果家裡備有一份，生菜沙拉就會進入截然不同的境界，說不定從此愛上吃沙拉喔。）

SHORKAN

超市就可以買齊材料

自宅就是串燒店

Q彈的肉質、鮮嫩的肉汁、酥脆的雞皮……
雞肉的各部位都有最適當的料理方式，
這就是串燒店端出的下酒菜。
如果學會在家中如法炮製的話，
就可以在串燒店般的「香氣」圍繞下小酌一番了。

梅干山葵雞里肌

雞里肌向來給人一種肉質乾柴的形象。
但是用油包覆表面後再烤，
可是鮮嫩多汁到掉下巴的程度喔。
醃漬時的鹽巴格外重要，
若省了這一道程序，
梅干山葵的味道就沒辦法融入這道下酒菜。
若沒竹籤，烤的時間也一樣。

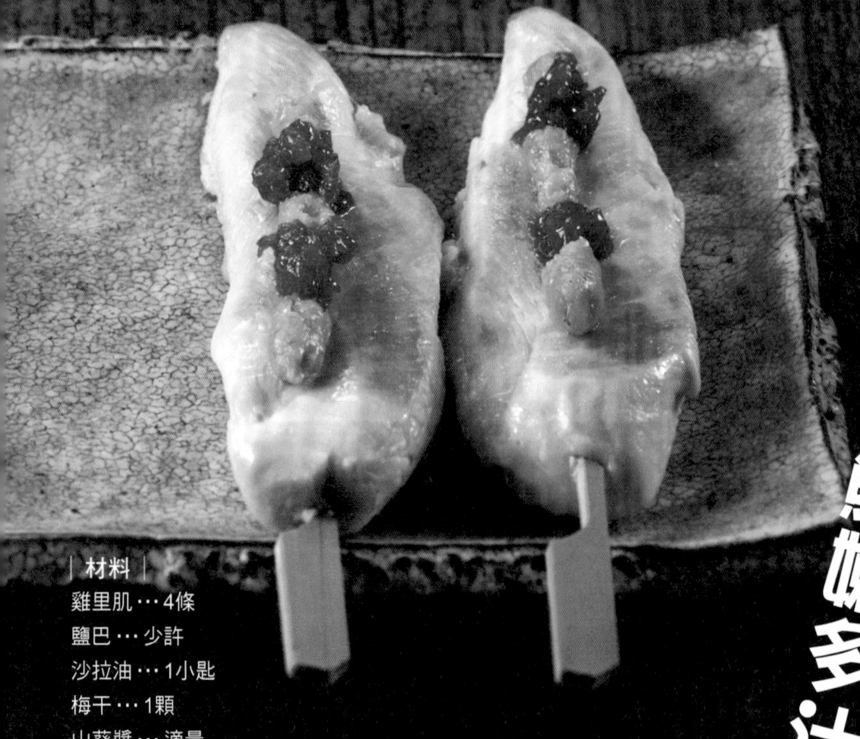

鮮嫩多汁

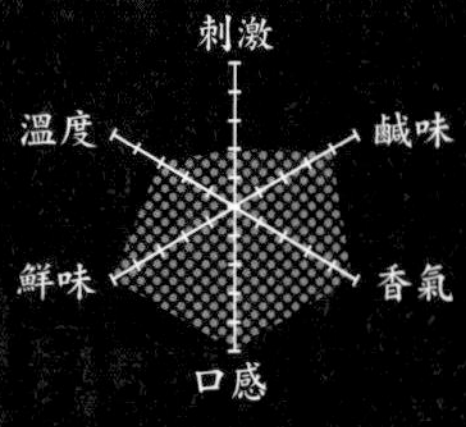

| 材料 |

雞里肌…4條
鹽巴…少許
沙拉油…1小匙
梅干…1顆
山葵醬…適量

| 作法 |

① 用調理剪刀剪掉雞里肌的筋，接著抹鹽巴、沾油並靜置10分鐘。接著串入竹籤。
② 平底鍋（26公分）用中火預熱30秒，再放入雞里肌。接著煎4分鐘左右直到出現焦色，翻面後再用小火煎3分鐘。

雞肉串燒

雞肉丸

串燒店會出現的雞肉丸，通常加了雞軟骨，但是在家要處理軟骨很麻煩。所以這裡用金針菇還原那帶有韌性的硬脆口感。

材料

金針菇…1包（100g）
鹽巴…¼小匙
A 雞絞肉（雞腿）…150g
　麵粉…1小匙
　沙拉油…2小匙
B 砂糖、醬油…各2小匙
　水…2大匙

作法

① 金針菇切成1公分寬，放進碗中拌入鹽巴。
② 碗中加入A後攪拌1分鐘，然後分成6等分，捏成扁平的圓形。
③ 將油倒入平底鍋（26公分）後，擺上②再開啟中火煎約5分鐘，變色後再翻面煎3分鐘。
④ 擦掉鍋裡多餘的油脂後，倒入B後再煮1分鐘入味。

烤雞翅

要做出外皮酥脆的烤雞翅，就必須先水煮至熟透，這樣雞皮裡的水分才會均勻地去除。煮過雞翅的水充滿鮮味，所以請別倒掉，可用在P.180的雜炊。

材料

雞翅…4～6隻
鹽巴…½小匙
沙拉油…1小匙
醬油…2小匙
七味粉…少許

作法

① 雞翅抹鹽巴後靜置10分鐘。
② 將雞翅放進鍋（20公分）裡，倒入4杯水後開中火。沸騰之後用小火煮10分鐘。
③ 從鍋中取出後，在平底鍋（26公分）上抹油，再沿著邊緣擺放雞翅，接著開中火。
④ 煎3分鐘直到雞皮酥脆，然後翻面以小火煎3分鐘。最後刷醬油、撒七味粉。

油漬鹽味雞肝

沒有買過雞肝的人，
請務必挑戰一次「已知用火」的真諦。
這裡指的是親自料理雞肝可是很美味的！
關鍵在於關火後要靜置60分鐘。
如此一來，內部可以熟透，還能保持綿密口感。
完成後可以當作冷盤吃，
也可以用平底鍋快速炒一下，
簡單復熱過的口感飽滿有彈性，很好吃呢。

綿密～

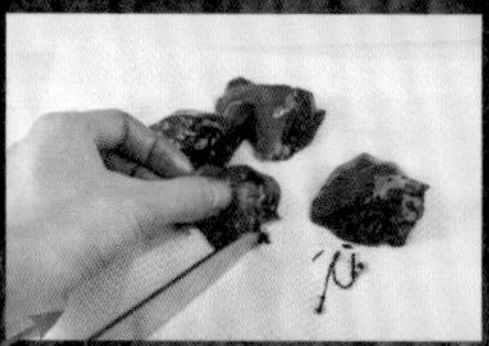

雖然可以吃，但還是清修掉比較好。

| 材料 |

雞肝…250g
鹽巴…2小匙
A 麻油…3大匙
醬油…1大匙
沙拉油…6～7大匙（蓋過食材）

| 作法 |

① 雞肝泡水10分鐘，取出後去除脂肪與血塊，切成等邊4公分的塊狀。
② 抹上鹽巴後放置30分鐘後。可常溫靜置。
③ 將5杯熱水倒入鍋（20公分）中煮沸，再放入已經瀝乾的雞肝，用小火煮3分鐘。接著蓋上鍋蓋，關火靜置60分鐘。
④ 取出後瀝乾，移到保鮮盒後倒入A靜置至冷卻。這樣可以放7天左右。

Q彈Q彈

酸橘醋雞皮

關鍵在於煮好後不要馬上取出，靜置至涼。如此一來，就會產生猶如在口中跳舞般的彈牙口感。此外也可以買帶皮的雞肉，但是只取雞皮來用。

| 材料 |

雞皮…3～4片（100g）
酸橘醋…2大匙
蝦夷蔥（切蔥花）…2根

| 作法 |

① 倒入3杯熱水後煮沸，用中火將雞皮煮5分鐘。接著關火靜置至冷卻（60分鐘內取出）。
② 取出後，以冷水沖過切成細絲。接下來也可以拿去冷凍。
③ 拌入酸橘醋後，撒上蔥花，此外還可以依口味鋪上蘿蔔泥。

嚼勁十足

醬煮雞胗

很多人聽到雞胗，都懷疑在家中真的做得來嗎？但是別擔心，雞胗和雞翅一樣好處理。不用前置作業，且白色部位是筋，雖然有點硬，若嫌麻煩的話也可以放著不管。

| 材料 |

雞胗…350g（淨重250g）
A 醬油、麻油、酒…各2大匙
醋…1大匙
砂糖…2小匙

| 作法 |

① 去除雞胗白色的部分，比較大塊的則切對半。
② 將雞胗與A一起倒入小鍋子後開啟中火，沸騰之後上下翻面，用小火煮8分鐘後關火。

SHOKKAN

這「長度」讓酒喝起來更盡興

十五公分的酥脆牛蒡酥

材料

- 牛蒡……1條（150g）
- A 蒜頭（磨成泥）……1瓣
- A 醬油……2大匙
- A 砂糖……1小匙
- 麵粉……4大匙
- 麵粉……適量
- 沙拉油……適量
- 黑胡椒……適量

作法

1. 在調理盤上拌勻A。
2. 牛蒡清洗乾淨後，切成15～18公分長，劃出6～8道切痕。瀝乾之後，放入①裡醃漬10分鐘。
3. 將麵粉（4大匙）撒在牛蒡上，都沾上粉之後靜置5分鐘。
4. 調理盤上再撒上麵粉（適量），確認牛蒡一根根都裹上粉。
5. 將油倒入平底鍋（26公分）約1公分厚，以中火加熱3分鐘。
6. 將牛蒡一根根擺入後，半煎半炸7～8分鐘，記得反覆翻動。接著轉大一點的火力炸1～2分鐘，炸至麵衣變酥脆。最後撒上黑胡椒。

想要打造酥脆口感，就要先醃漬使其出水。此外麵粉沾裹了兩次，可以讓麵衣變厚。如此一來，只要少許的油就能夠擁有猶如炸物般的香氣，所以請一邊欣賞著滋滋煎炸聲，耐著性子炸吧！

大家不覺得食物外型長長的
特別有意思嗎？
像薯條就是長條狀的。
為了能夠達成這樣長條狀的視覺感受，
我才會切成一般家裡平底鍋也放得進去的
最大長度＝十五公分。

根莖類多適合搭配紅酒，或許是因為從土裡生長的關係。

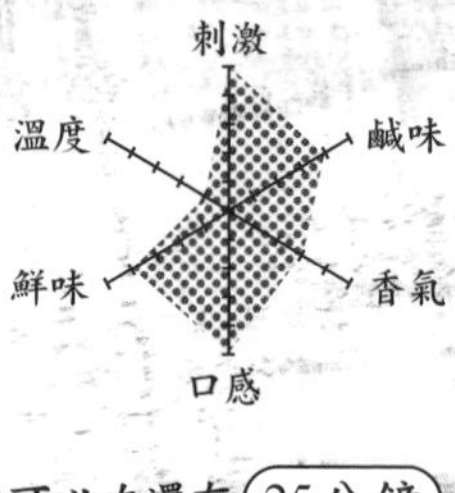

刺激
鹹味
香氣
口感
鮮味
溫度

距離可以吃還有 25分鐘

data

特別搭的酒

牛蒡富含膳食纖維，能夠減緩酒精的吸收。此外，還含有可排出鹽分的營養素：鉀。

下酒菜知識

其實日本以外沒幾個國家在吃牛蒡。

LABORATORY

依然酥脆的唐揚雞嗎？

實驗食譜

好想吃冷掉後依然酥脆，
讓人不禁想大口配啤酒的唐揚雞——
秉持著這樣的想法，
我反覆實驗了好幾次。
最終發現關鍵是「粉」。

材料

- 雞腿肉…1片（250~300g）
- A 醬油…1又½大匙
- A 砂糖…1小匙
- A 薑（磨成泥）…½片
- 麵粉…2大匙
- 太白粉…4大匙
- 沙拉油…適量

這裡換掉！

作法 距離可以吃還有 25分鐘

1. 將A倒入碗中。
2. 清除雞肉的多餘脂肪，並將雞腿肉切成8等分。倒入①裡抓醃1分鐘，直到水分變少。
3. 倒入麵粉（2大匙）後拌勻，接著靜置10分鐘等待入味。
4. 再撒入太白粉（4大匙）後，用抓捏的方式裹上雞肉。
5. 將油倒入平底鍋（20公分）約1公分高，中火熱油鍋3分鐘後放進雞腿肉。接著轉成中火大火靜待3分鐘。期間不要翻動。
6. 上下翻面後靜置2分鐘，直到麵衣酥脆。再用大火油炸2分鐘。

雖然想一口氣多炸一些，但是一次炸一片雞腿肉的量比較容易保持酥脆。

特別搭的酒

可以這樣搭配

吃炸雞時撒上青海苔粉，再搭配白蘿蔔泥。

做得出冷掉之後麵衣

油炸20分鐘後……

B
只有太白粉

A
只有麵粉

D
③太白粉（2大）
④麵粉（4大）

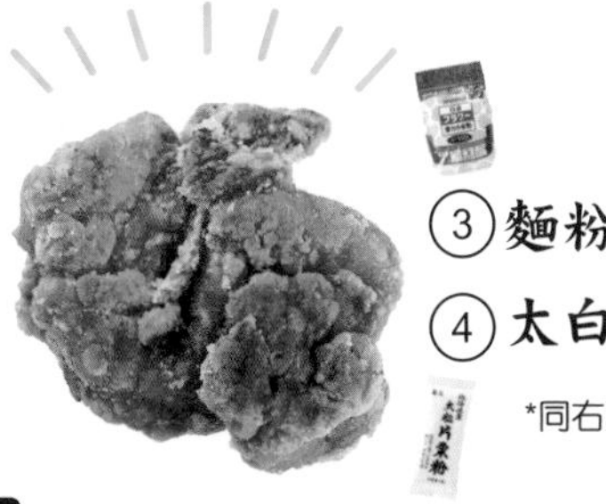

C
③麵粉（2大）
④太白粉（4大）

*同右頁食譜比例

結果

只要使用兩種粉就辦得到

冷掉後口感最好的是C。肉仍多汁，麵衣也相當酥脆。因為麵粉有鎖住水分的特性，所以才能夠保有肉汁；太白粉則有驅離水分的特性，所以炸好後可以保持酥脆，也不會太油膩。如此一來，冷掉後就不會變軟了。

D同樣使用了兩種粉，但是麵衣卻比較硬脆。這是因為在裹麵粉時，粉與肉容易分離導致油炸時有點焦掉。沒想到光是裹粉的順序變了，就出現這麼大的差異。

A的麵衣比較澀，很像便當店的唐揚雞，其實是不錯的。

B則偏向粉感較明顯的龍田揚，口感輕盈，但是麵衣的口感不太扎實。

鐵郎的自言自語

如果人生能夠重來一次，我希望喝酒聚會時可以盡情在炸雞上淋檸檬。

不會有罪惡感，又富含口感

很有彈性的蒟蒻麵、帶脆度的金針菇，以及啵啵啵的明太子……一同在口中交織出絕佳的低熱量圓舞曲。「扎實的咀嚼感」與明太子的熟成鹹鮮，可以說是非常正統的下酒菜。

不要被蒟蒻麵包裝上的「不必去腥」騙了，其實熱水煮過還是會有些微的獨特氣味殘留，所以一定要過熱水去腥。而且確實執行這步驟後，水分也會比較快蒸散。

開胃的明太子蒟蒻麵

距離可以吃還有 10分鐘

材料

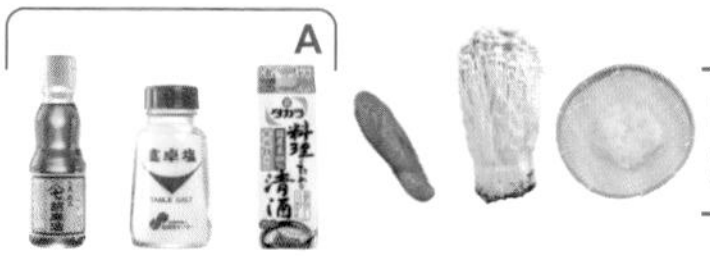

蒟蒻麵……150g
金針茹……1包（100g）
明太子……½塊（30g）
A 酒……1大匙
A 鹽巴……¼小匙
A 麻油……½小匙

作法

1. 蒟蒻麵用熱水煮2分鐘，然後用調理剪刀隨意剪短。
2. 將金針菇的長度切成3等分後再拆開，明太子則撕碎。
3. 將A放入平底鍋（20公分）後開中火並蓋上鍋蓋。沸騰之後再掀開蓋子，放入①②，接著炒5～6分鐘直到水分收乾。

下酒菜常有的事

將明太子從皮膜取出後，會忍不住思考皮膜上被留下來的這些小生命的生命意義。

想咬個什麼的時候就馬上用微波爐做

豆皮脆餅

喝酒喝到一半突然想吃點什麼時，其實是對「口感」的渴求在作祟。只要家中備有炸豆皮，拿去微波就會搖身一變成為脆餅。

相當養生的滋味，能夠單純享受口感。但是辣味還是要做足才行。

距離可以吃還有 7分鐘

材料

- 炸豆皮…1片（20g）
- 鹽巴…4小撮
- 黑胡椒…少許
- 七味粉…少許
- 美乃滋…適量

作法

1. 將炸豆皮切成三角形。
2. 不要覆蓋保鮮膜，直接撒鹽巴後放進微波爐加熱5分鐘。
3. 撒上黑胡椒、七味粉後，再蘸美乃滋享用。

SHOKKAN

鐵郎親手做做看

七月七日

公司同事辻先生說要分一些中元節拜拜的供品給我，是我平常沒在喝的品牌啤酒，好像是「手工啤酒」。包裝時髦，讓我覺得自己好像也變年輕了。近年多了很多啤酒品牌，但是我都不知道該買哪一種。辻先生說這款啤酒是清爽的水果風味，因此我便做了平常自己絕對不會做的酥脆培根沙拉，果然很美味。之前從超商買的沙拉，都有一種為健康不得不吃的義務感，真沒想到沙拉可以這麼好吃。咀嚼的聲音聽起來很舒服，讓人不禁一口接一口，轉眼就吃完了。

口感的力量真厲害。我決定要聽從店長的建議購買「洋蔥酥」，增加家裡的酥脆陣容。就這麼做吧。

七月十四日

昨天晚上邊喝酒邊準備了鮮脆多汁生青椒，所以今天一直很期待下班回家。這就是所謂的「快樂得不得了」嗎？既然切青椒這麼麻煩，邊喝邊切就覺得有趣了，怎麼會這樣呢？或許就是因為「做菜」變成「娛樂」了吧。

此外生青椒也令我驚豔，該怎麼說呢……這和我所知道的青椒完全不同。不管是青椒炒肉絲的青椒，還是披薩上破壞口味的青椒，都有著明顯苦味，但是這裡的生青椒卻成了最佳主角。生嗆味變淡了，充滿生鮮的口感與多汁感相當搶眼，

感覺光是咬下就會變得更有活力。雖然我也不是特別累，但是因為精神都上來了，又順便準備了明天的青椒。

七月十八日

今天大腦很累，什麼都不想做。就連高麗菜的醬料都懶得拌。難免會有這樣想要廢的日子呢。所以我吃了泡麵，喝了一杯啤酒。預先錄下來的搞笑節目，則是今天的下酒菜。

七月二十六日

每次去超市時都會覺得「雞里肌便宜又健康，真想買一些」，但是又擔心清淡無味而卻步。不過，我試著做了梅干山葵雞里肌，趁熱邊吹涼邊吃後不禁笑了出來。什麼嘛！明明就很柔軟，而且肉汁還多到讓我盯著雞肉看了好久。吃到一半接到了老婆的電話，她在那邊也交到朋友，玩得很開心的樣子。這就是第二人生嗎？講完電話後，雞里肌已經涼掉了。本以為應該是熱騰騰的時候最好吃，瞬間有些失落，沒想到實際上軟硬度卻很剛好，邊嚼邊喝酒後，發現燒酎比平常更有味了。

用鹹味配酒

讓您久等了。
這毛豆真好吃！
嗯。
多謝稱讚。
調味扎實，只是水煮而已，差異竟然可以這麼大。
只是
水煮的而已……？
啊……
變身
煮毛豆可是一門學問。不只要搓揉鹽巴，煮毛豆的鹽水還必須控制在濃度5％。
不好意思啊！
所以鹽分很重要，是吧？
下酒菜和鹽分有著難以割捨的關係。
嘩啦
TOILET
酒喝下肚
利尿的作用會排出水分與鈉
鈉不夠了……
所以才會想吃重鹹的食物啊。

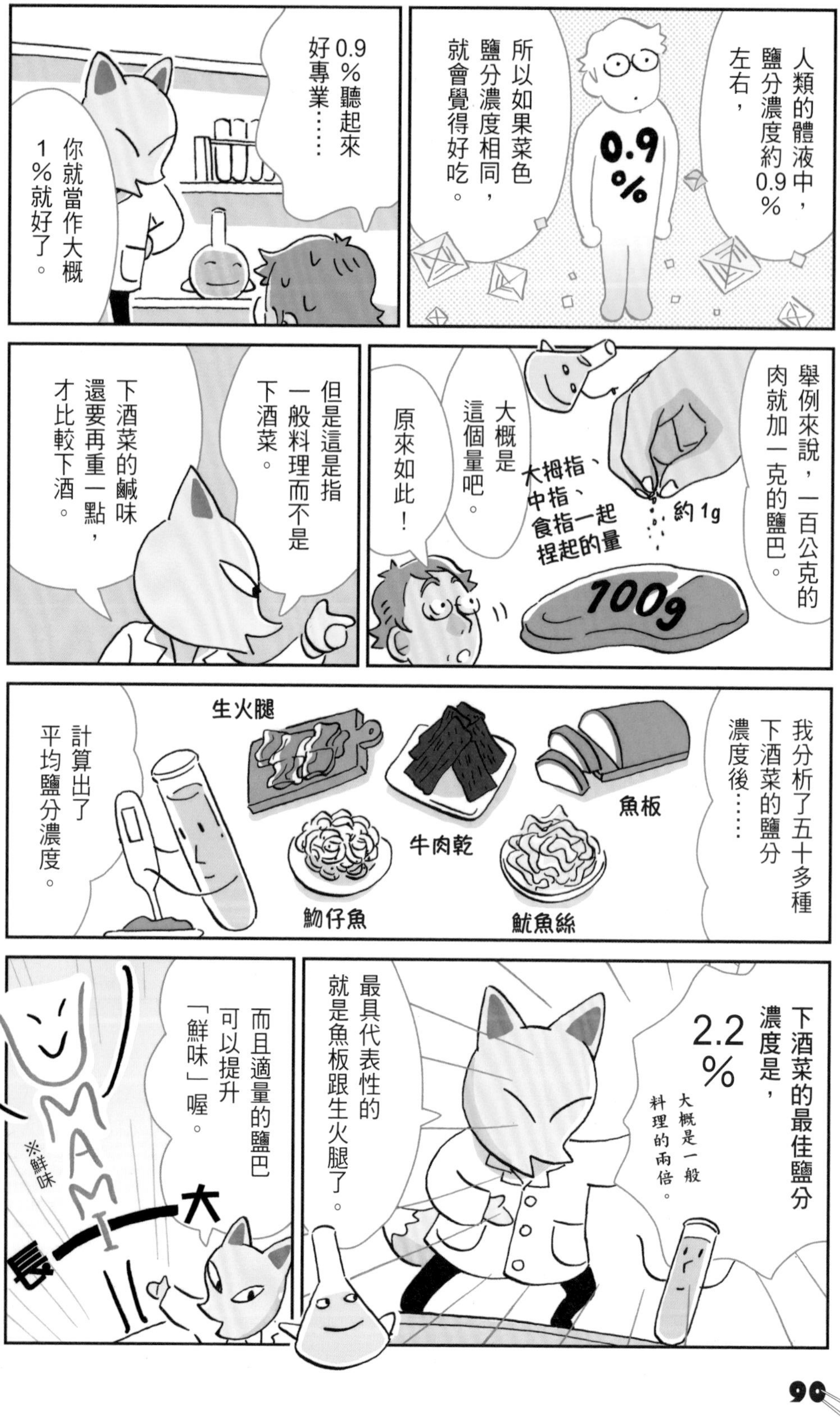
人類的體液中，鹽分濃度約0.9%左右，
0.9%
所以如果菜色鹽分濃度相同，就會覺得好吃。
0.9%聽起來好專業……
你就當作大概1%就好了。
舉例來說，一百公克的肉就加一克的鹽巴。
大概是這個量吧。
大拇指、中指、食指一起捏起的量
約1g
100g
原來如此！
但是這是指一般料理而不是下酒菜。
下酒菜的鹹味還要再重一點，才比較下酒。
我分析了五十多種下酒菜的鹽分濃度後……
生火腿
牛肉乾
魚板
魩仔魚
魷魚絲
計算出了平均鹽分濃度。
下酒菜的最佳鹽分濃度是，
2.2%
大概是一般料理的兩倍。
最具代表性的就是魚板跟生火腿了。
而且適量的鹽巴可以提升「鮮味」喔。
UMAMI
※鮮味
長——大

※WHO＝世界衛生組織

單喝高湯，也能夠聞到細微的香氣。
微香
再添加少許鹽巴，鮮味就更明顯了。
※鮮味
鹽分實在是太迷人了，只是……
攝取太多不太好，再加上也有點年紀了。
我懂。
WHO※建議一天攝取不要超過五克。
這樣比一小匙還要少耶。
一天嗎～
早
午
考量到早餐和午餐都會吃入鹽分，感覺這條件似乎太嚴苛。
我有時候午餐還會去吃拉麵……
所以我都會想辦法以少量的鹽讓菜色夠味。
像這道梅醬小黃瓜，
作法上倒不用拌在一起，只要把少量梅干醬擺在小黃瓜上，鹹味就會直接傳遞到舌頭。
其他還有很多方法。
加強口感，所以即使鹽量較少也很過癮。
既不過度攝取鹽分，還能盡情享受鹹香美味。
將鹽巴用於襯托食材香氣與鮮味上。
店長你，
竟然連我的健康都考量到了……
這道梅醬小黃瓜很不錯呢。
你再怎麼稱讚，我也不會多招待的～
待續

SHIOKE

三小福梅醬小黃瓜

筷尖蘸一點到小黃瓜上就夠味

人生很少有每天都好想吃梅干醬小黃瓜的時候，對吧？但是看到這張照片時就忍不住吞口水的話，就趕快做來吃吧。因為今天的你就是想吃梅干。小黃瓜含有可排出多餘鹽分的鉀，所以堪稱梅干的最佳良伴。

小黃瓜切之前要「滾砧板」：先抹上一小撮鹽巴，然後在砧板上滾動二十次。如此一來，滲透壓會去除表面帶有蔬菜腥味的水分。少了干擾味道的元素之後，就能夠進一步吃出梅干的香氣了。

把梅干當成「味噌」使用吧

各位知道梅干含有多少鹽分嗎？通常13％左右，和味噌差不多。不過最近出現很多減鹽型，含鹽量也依地區而異就是了。事實上「適合搭配味噌」的食材，通常都很適合搭配梅干。以味噌燉蘿蔔為例，改成梅干也很好吃。此外，肉類炒蔬菜若添加梅干的話，會變得清爽好吃。

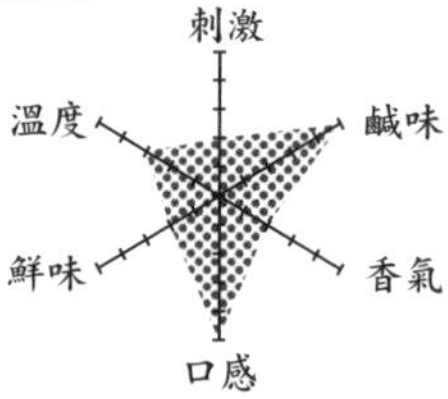

data

特別搭的酒

可以這樣搭配

↓ 佐奶油乳酪一起吃。

距離可以吃還有 5分鐘

世界上有各種版本的梅醬小黃瓜，大多是用拌的。雖然這樣也很好吃，但是滲透壓會導致小黃瓜出水。所以將小黃瓜切成斜片，吃的時候再搭上梅干，像蘇打餅乾蘸醬一樣食用。

梅干柴魚片

將1顆梅干（20g）和醬油（½小）、柴魚片（½包）拌在一起，就像古早味的飯糰餡料。雖說現在手上拿的是酒杯就是了……

梅干味噌

將1顆梅干（20g）和味噌（1小）拌在一起，濃醇酸甘的滋味，讓人想起了夏天的蔥綠小黃瓜田。

梅干山葵

將1顆梅干（20g）和山葵（1小）拌在一起。這裡加了較多的山葵，讓人忍不住捏住鼻子。梅干則相當甘甜。

話說回來，一顆梅干13%的鹽巴濃度等於三分之一小匙（兩克）的鹽巴。啊，你是不是覺得很多呢？但是考量到平日的用鹽量就會覺得其實還好，更何況梅干對身體很好。梅干裡的檸檬酸還有助於排出造成疲勞的乳酸，因此以前甚至會當成藥物使用。接下來，就盡情把梅干當成調味料使用吧！

鐵郎的自言自語

雖然想著梅干籽應該有什麼用途吧，結果都丟掉了……（店長：裝進瓶子裡再倒入醬油，就變成梅干醬油了！淋在山藥上也很美味喔。）

ABORA ORY

實驗食譜

怎麼煮？

毛豆其實很難煮。想要煮出讓人第一口就覺得「就是這個！」的毛豆，該怎麼做才好呢？我們以四大重點反覆進行實驗，得出完美結果。

材料 距離可以吃還有 20分鐘

毛豆（帶莢）…200～250g

鹽巴…2大匙

毛豆洗乾淨後放進容器中，倒入鹽巴（2大匙）揉至一半的量溶解為止，藉此去除絨毛。

① 豆莢兩端

切 ← 不切

內部會不夠入味，讓人食之無味。此外，第一口吃到的也幾乎會是皮，很難一下子就咬到豆子。

② 鹽巴

揉 ← 不揉

第一口咬到豆莢時，會覺得味道太淡，也不喜歡絨毛微刺的口感。

OTSUMAMI

讓人一口就愛上的毛豆

data

特別搭的酒

可以這樣搭配

⬇和硬質乳酪交錯相搭，或撒上乳酪粉。

⬇調一杯高球。

鍋（20公分）中倒入2公分深的水後，開大火。煮沸之後，毛豆連同鹽巴一起倒入鍋中。

③ **水量**

偏少：水約600cc，因此鹽分濃度約5%。

大量：煮沸需要一段時間，鹹味也會減弱。

蓋上鍋蓋，用中火煮1～2分鐘，接著轉小火後再煮3～4分鐘。用篩子瀝乾水分。

④ **火候**

小火：關至小火後，可讓蔬菜的酵素活化，進而引出甜味。

大火：用大火煮沸時，甜味和香氣似乎減弱了。

完美！

結果

用濃度5%的鹽水煮

雖然標題這樣寫，但其實並非用濃度5%的鹽水就夠了，上面四個重點都非常重要。像①去豆莢頭尾就可以讓鹽水滲入、②用鹽巴搓揉則可適度去除絨毛，大幅改變放入口中的感受、③水太多時，鹽分濃度會被稀釋，所以不需要煮沸太多水、④雖然對鹹度沒有影響，卻能夠讓毛豆吃起來甘甜。

想吃美味的毛豆，就必須遵守上述四個重點。這才是讓人第一口就感動的魔法。

毛豆常有的事

會從意想不到的地方噴出來。

毛豆的一切

Q毛豆是什麼豆？

大豆！

毛豆是大豆，也就是尚未成熟的大豆。放著任它長的話，就會長成大豆喔，因此世界上沒有一種植物叫「毛豆」。此外從分類來看，雖然大豆屬於豆類，毛豆則屬於蔬菜。而毛豆的食用也很有歷史，據說江戶時代的路邊甚至會賣連枝一起水煮的毛豆，可以說是當時的速食呢。這就是毛豆的基本知識。

咻～！
枯萎

Q什麼時候盛產？

夏天！

基本上五月開始就買得到，接下來到十月應該都可以在店裡看到，但是最好吃的是七、八月。毛豆通常都是露天種植，不過到了這個時期，市面上也會有溫室栽培的毛豆。過了盛夏時的巔峰生長期後，滋味就會出現變化。不過即使夏天放完了最後的煙火，毛豆還是會繼續撐一段時間的。

Q毛豆營養嗎？

有喔，而且超級多的！

毛豆裡的營養價值高，做為下酒菜很健康，像是幫助酒精代謝的胺基酸「甲硫胺酸」。另外還有「卵磷脂」可以分解肝臟的脂肪，為修復疲勞的肝臟助一臂之力。總而言之，毛豆裡含有大量營養素，多吃一點準沒錯！

不用這麼客氣啦……
謝謝你。
交給我吧。

Q連著枝條一起買的比較好吃嗎？

沒錯！

毛豆的日文為什麼是「枝豆」呢？因為毛豆的鮮度會在脫離樹枝的瞬間大幅衰退，所以當然連著比較好。採收後枝條仍保有水分與養分，豆還能夠繼續吸收，因此才有辦法維持鮮度。

我的養分都給它……

「水煮毛豆」吃膩的話

蒜辣毛豆

A

【材料】

- 毛豆…250g
- 鹽巴…½小匙（A）
- 水…6大匙（A）
- 橄欖油…1又½大匙（A）
- 蒜頭（切碎）…1瓣
- 辣椒（切末）…1條

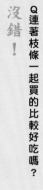

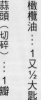

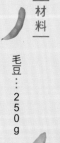

data

特別搭的酒

可以這樣搭配

↓起鍋前再淋一圈醬油。

作法

① 毛豆筴去頭掐尾。

② 放進容器裡，撒鹽巴（1小匙）輕揉30秒，接著用水快速沖一下後，用廚房紙巾擦乾。

③ 將沙拉油（1大匙）倒進平底鍋（26公分）後，開中火熱油，然後放入毛豆後煎3分鐘後再炒2分鐘。等水分收乾至剩下大概2大匙的量之後，再倒入蒜頭與辣椒，拌炒至完全收乾。

家裡有冷凍毛豆、快過期的毛豆，或是吃膩水煮毛豆了，但還是很想吃毛豆……這裡要為深愛毛豆的各位，推薦蒜辣毛豆。蒜香為毛豆的微甜、橄欖油的香氣，添加辛香，非常適合冰涼的白酒。這可以說是讓毛豆改頭換面的一道菜啊。

毛豆俳句

毛豆莢成堆如山　是今天也好好活著的　證據

該怎麼吃呢？生火腿圖鑑

①直接吃

好吃的生火腿當然會想直接吃，這時的美味祕訣是放置常溫。剛從冰箱拿出來時偏硬，脂肪也是冷的。所以建議放置二十分鐘等回溫後再吃，左邊介紹的是幾種具代表性的生火腿，不妨多找幾種比較看看也很有趣。

②切成小塊再吃

本研究所仿效了「培根的用法」。舉例來說，把高麗菜切成絲後拌入切成小塊的生火腿，或者是利用P.104的淺漬法拌在一起。如果火腿變硬了，就加在番茄糊或湯裡。

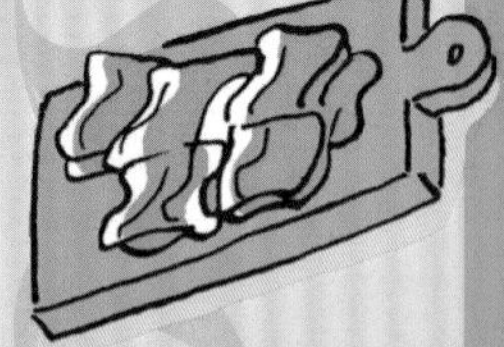

③ 擺在其他食材上

生火腿的鹹度很高，也建議搭配其他食材一起吃，當成調味料使用。像是搭配櫛瓜片，仿效義式生牛肉片的擺盤，平鋪在盤子上，再將撕成小片的生火腿以半捲起的模樣擺在上方。擺完之後靜置一會兒，就可以讓櫛瓜染上鹹味，還會變得比較軟。相反的火腿會接觸到蔬菜的水分，使口感變得柔潤。此外，也可以包蕪菁、蘋果、奇異果等食用。

我也試過包小黃瓜，但是滋味似乎有點平淡。

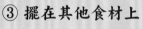

西班牙

伊比利火腿（Jamón Ibérico）

甜味偏高，稀有而高貴

伊比利豬是原產自西班牙伊比利半島的放牧豬。通常都以較原始的方式飼養，食用的都是橡實等。其中最高級的叫「bellota」，意思就是西班牙文的「橡實」。可以列入bellota的火腿，必須要符合一定的條件才行。

德國

紅鮭火腿（Lachsschinken Ham）

豬肉本身帶有鮮味，口感輕盈滋潤

肉品加工技術很好的德國產的生火腿。Lachss是德文的「鮭魚」，因為火腿顏色近似鮭魚的顏色。這種火腿先用鹽巴醃漬豬肉，再用低溫燻製、乾燥、熟成，以鮮美細膩為特色。日本知名廠商推出的生火腿，多半仿效這種作法。

西班牙

塞拉諾火腿（Jamón Serrano）

肉的濃郁度與鹹味都偏重

西班牙的生火腿產量全球第一。「塞拉諾」在西班牙文裡是「山」的意思，而這種生火腿主要產自山岳地區。塞拉諾火腿是剝去豬腿肉的皮後，以鹽漬、乾燥、熟成所製成，因此吸附了大量鹽分。雖然沒有經過煙燻，但在乾燥的過程中，肉表面會產生乳酸菌與酵母菌，因此香氣濃郁扎實。

義大利

風乾生火腿（Prosciutto）

柔軟且鹹度溫和

義大利文中的火腿叫「prosciutto」原有「乾燥極致」的意思，泛指所有生或熟火腿，因而當地特別以prosciutto crudo區隔為生火腿。這火腿使用的是羅馬帝國時代就傳承至今的製法，會在保有豬腿肉皮的情況下鹽漬、乾燥、熟成，且不經過煙燻，因此鹹度溫和。

下酒菜的知識

日本知名廠商通常以香腸為主力商品，或許因為這樣，製作手法多半仿效香腸大本營——德國，以致日本的生火腿製法也以德國模式居多。

今晚是白酒之夜

鹹香的下酒烤麵包片

SHIOKE

有時會莫名想喝不甜的白酒。
這時就將白蘇維濃或夏多內放進冰箱，好好冰鎮一下。
麵包上有吃起來很像鯷魚的鹽辛奶油、
讓人投降的明太子美乃滋、
出乎意料的完美搭檔──海苔魩仔魚乳酪。
搭配便宜的白酒反而更好喝，
就此拉下了輕鬆又活力十足的夜幕。

麵包切成偏厚的3公分就會「外酥內軟」。

POINT 該選什麼樣的麵包？

想要做出這樣的烤麵包片，建議購買超市麵包區裡稍粗的軟式法國麵包。也就是裝在袋子裡，摸起來軟軟的那種。雖然又細又硬的法式長棍麵包也不錯，但是軟法能夠吸附油與鹽分，較易烤成外酥內軟的口感。此外，早餐也可以用來製作三明治，吃不完的還可以用保鮮膜包起來，再放進保鮮袋冷凍，相當方便。

作法

把麵包切成3公分厚，再放上以下食材，烤4～5分鐘直到麵包片出現焦色。下列均為兩片的分量。

1 明太子美乃滋

取明太子（30g）與美乃滋拌在一起後，抹在麵包上再拿去烤。

2 鹽辛奶油

把鹽辛（2～3大匙）抹在麵包上，淋上醬油（少許），再放上奶油（10g）後拿去烤。

3 海苔魩仔魚乳酪

麵包上塗抹美乃滋（1大），撕開海苔（1整片）擺上去，接著撒上魩仔魚（2大）、乳酪絲（50g）後拿去烤。

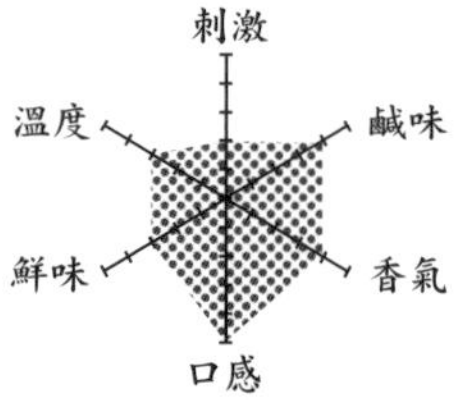
刺激
鹹味
香氣
口感
鮮味
溫度

data

距離可以吃還有 10分鐘

特別搭的酒

可以這樣搭配

雖然和海鮮可能不太搭，但是真的想喝紅酒的話，建議先冰到完全沒有澀味的程度。

MENTAIMAYO
1
SHIOKARA BUTTER
2
NORISHIRASU CHEESE
3

時髦長棍麵包常有的事

下巴好痠。

SHIOKE

乾燥之後就追求「水分」與「溫度」

不會空虛的零食乾貨

儘管是平常在吃的零食，
但是今天不知為何，
就覺得這種乾巴巴口感
讓嘴巴很空虛。
這種時候就需要澆水，
還有加溫。
這一晚就藉由水分帶來生命力，
再藉由溫度增添人情味。

香濃魷魚乾

淋上少許燒酎，鬆鬆地覆蓋微波專用保鮮膜後，放進微波爐三十秒。隨著鮮味與香氣的加強，嘴巴自然就不再空虛。

軟鮭魚乾

淋上少許日本酒，鬆鬆地覆蓋微波專用保鮮膜後，放進微波爐三十秒。如此一來，就恢復鮭魚身為魚類的榮光，嘴巴自然就不再空虛。

煙燻牛肉乾

淋上少許威士忌，鬆鬆地覆蓋微波專用保鮮膜後，放進微波爐三十秒。如此一來，煙燻感就更濃重，口感更像肉，嘴巴自然就不再空虛。

香煎鱈魚風味乳酪條

用平底鍋稍微加熱，美味程度就超越想像十倍。
鱈魚與乳酪的香氣，再加上熱騰騰的口感，讓嘴巴完全不空虛。

韓式烏賊乾

拌入麻油與醬油，就成了足以上癮的韓式小菜，讓人不知為何總是把手伸向這一盤，嘴巴當然不會空虛。

香酥魷魚絲

用平底鍋稍微加熱，就會變成香氣誘人的「炙燒魷魚」，美味程度讓嘴巴絕對不空虛。

熱干貝唇

淋上少許的水，再用微波爐加熱三十秒。雖然嚼勁與加熱前相同，但是第一口的滋味卻溫和多了，嘴巴當然也不再空虛。

擺一碗在冰箱，隨時都可以配酒

總之來份2%的淺漬

某天看著蔬果室思考：「不知道該做什麼才好。」冰箱裡有高麗菜、甜椒、小黃瓜，用炒的話小黃瓜就派不上用場，做沙拉的話好像有點單薄。這時我聽見了一個聲音：「那就淺漬吧！」

用剩的蔬菜又不夠做成一道菜時，就先醃漬吧。

這可不是尋常的淺漬。共計三百克的蔬菜，添加了一小匙的鹽巴，如此一來，鹽分濃度大約是2%。接著再添加砂糖與醋，就會產生乳酸發酵般的酸甜濃醇，再透過昆布增添風味……。啊！簡直就是專業漬物店的滋味。

認為醃漬物＝小配角的人請務必嘗試。雖然是醃菜，卻讓人停不下來。蔬菜釋出的水分會成為調味料，可以說是獨一無二的滋味。

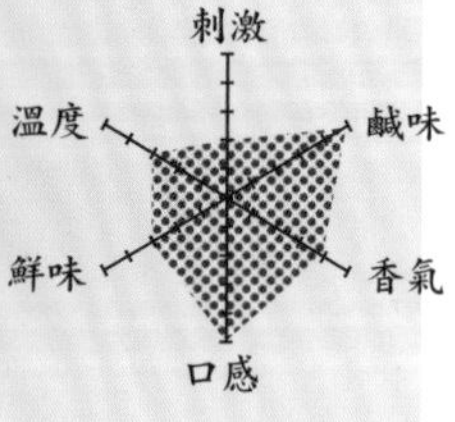

特別搭的酒

可以這樣搭配

⬇ 吃時淋上橄欖油。

⬇ 擺上切細的生火腿、乳酪。

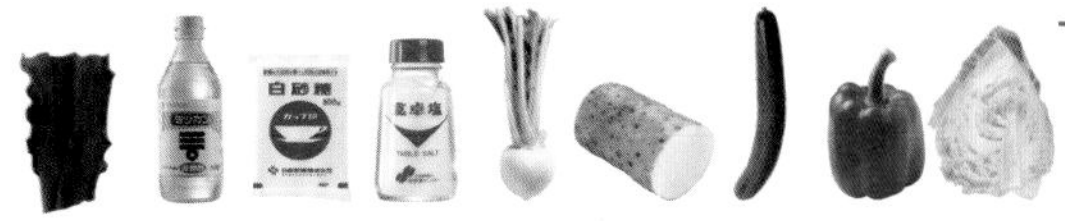

材料 易於製作的量

高麗菜（手撕）
甜椒（切成條狀）
小黃瓜（隨意切）
山藥（切成方塊狀）
蕪菁（切成半月狀）
總共300g

鹽巴…1小匙
砂糖…1小匙
醋…1小匙
昆布…長5公分×1片

作法

1. 將蔬菜放進保鮮袋，依序添加調味料後，甩動保鮮袋使調味料均勻吸附在蔬菜上。接著放入昆布，吸出空氣後，將保鮮袋封口冷藏一晚。約可放10天。

五天後變成淺漬版的泡菜。

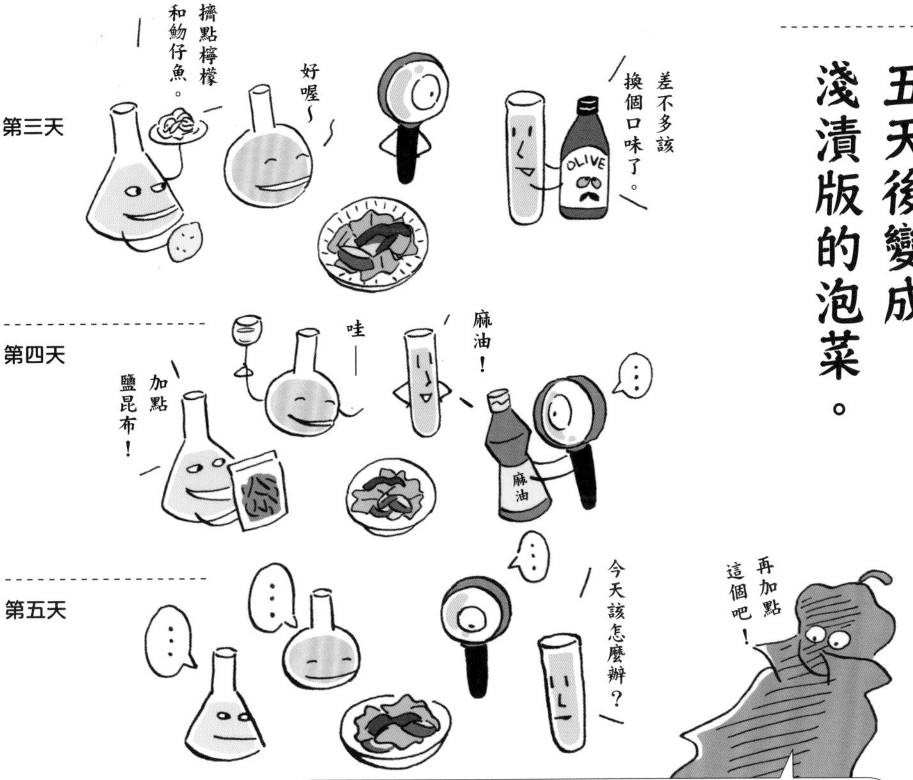
第三天
擠點檸檬和魩仔魚。
好喔～
差不多該換個口味了。
OLIVE
第四天
加點鹽昆布！
哇—
麻油！
…
麻油
第五天
…
…
…
今天該怎麼辦？
再加點這個吧！

蒜頭（磨成泥）…1瓣
薑（磨成泥）…1片
砂糖（也可以用蜂蜜）…2小匙
辣油…1小匙

變成滋味清爽的泡菜了！！

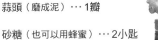

LABORATORY

實驗食譜

吃起來最綿密呢？

生魚片本身就很美味了，
但是醃漬會帶來生魚所缺乏的綿密口感，
這種手法源自於「江戶前壽司」，
藉由鹽分去除多餘水分，以濃縮出濃郁風味。
這裡比較了三種口味，
都是醃漬隔天食用的心得。

材料

距離可以吃還有 6小時5分鐘

生魚片用鮭魚（未切）…150～200g

作法

① 將個別的調味料抹在鮭魚上，接著連汁液一起放入保鮮袋。

② 壓出空氣確實封口後，放進冷藏冰6個小時以上。

③ 取出後快速擦乾水氣，並切成5公釐厚。接著依口味搭配山葵、黃芥末、麻油、醬油等享用。約可放7天。

還沒切的生魚肉塊看起來很難切，但是醃漬時產生滲透壓會去除多餘水分，使肉變緊實，這時就意外地好切。

A
鹽巴砂糖漬

將鹽巴（½小）、砂糖（1小）拌勻後，再抹在整塊肉上。

OTSUMAMI

data

特別搭的酒

請你不要這樣搭

↓紅酒的鐵質與生魚一起食用時，無論如何都會產生反應，進而出現腥味。

魚要怎麼醃漬，

結果

A最綿密

A的綿密度遠勝另兩者，甚至感覺是更生一點的煙燻鮭魚。看來直接使用鹽巴時，出水效果比較好。再加上砂糖滲入食材的速度比鹽巴快，所以可以鎖住水分，減緩鹽巴的滲透速度。這時含一口清爽的白葡萄酒，會有一股輕盈的鮮味擴散開。

B簡直就像是壽司店等級的滋味。醬油本身帶有黏性，畢竟也不是鹽巴，所以滲透很花時間。適合喜歡生魚片的人。

C的綿密感比預期少了許多。淋上熱水使表面形成膜，讓鹽巴較難進入中心。感覺很適合年底的時候製作，並在新年頭兩天享用。邊緣的口感有些像肉，整體風味其實很特別。

B

醬油味醂漬

C

半生漬

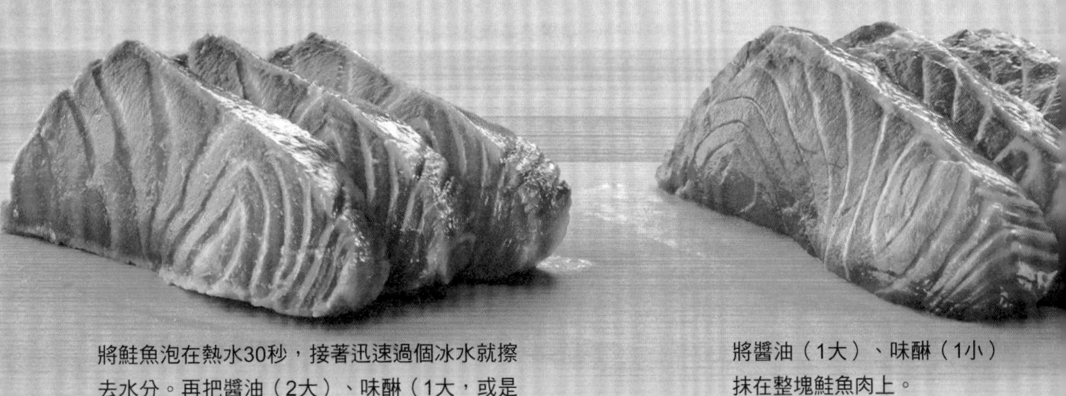

將醬油（1大）、味醂（1小）抹在整塊鮭魚肉上。

將鮭魚泡在熱水30秒，接著迅速過個冰水就擦去水分。再把醬油（2大）、味醂（1大，或是砂糖2小）拌在一起後，把鮭魚放入醃漬。

鐵郎的自言自語

捨不得丟掉生魚片的裝飾蔬菜，但又很難全部吃掉……（店長：先快速沖掉魚肉釋出的水分與汁液，接著將裝飾蔬菜泡在冷水中就會變得爽脆，然後瀝乾後再拌麻油與鹽巴就很好吃喔。）

不甜的酒就要配「甜鹹」下酒菜

威士忌、燒酎、不甜的白酒等含糖量少的「辛口」酒，最適合搭配「甜中帶鹹」的下酒菜。
不甜的酒會讓口腔味覺收縮，
再讓下酒菜的「甜」「鹹」擴散開來，
味覺更加交融美好。
這類下酒菜很適合擺在最後一道，
為快樂的飲酒時光劃下完美句點。

焗烤番薯乾

| 材料 |

番薯乾…50g
鹽巴、胡椒…各少許
乳酪絲…30g

| 作法 |

概略撕開番薯乾後，擺在耐熱盤上，撒上鹽巴、胡椒、乳酪絲，接著用烤箱烤4～5分鐘，直到出現焦色。也可使用微波爐。

經過長年探索，竟然發現番薯乾和威士忌很搭，實在是太意外了。番薯乾加熱後會釋出甜味，這時再搭配乳酪絲的油氣與鹹味，就會形成自然的「甜中帶鹹」。加點火腿也很美味。

關鍵在於「甜：鹹」比例為「2：1」。只有甜的話不適合當下酒菜，所以需要適度的鹹味。

奶油乳酪＆鹹味水果乾

| 材料 |

綜合水果乾…30g
奶油乳酪（放至常溫）…70g
水（或是喜歡的酒）…2小匙
砂糖…1小匙
鹽巴…3～4撮

| 作法 |

水果乾上切開淺痕後淋水。奶油乳酪攪打至柔順後，再加入砂糖與鹽巴拌在一起。最後再拌入瀝乾的水果乾。

夢幻的甜鹹奶油乳酪，不，或許該稱為乳酪奶油。用平底鍋煎至酥脆的薄脆吐司鹹味，襯托了水果乾濃縮過的甜味。

鐵郎的自言自語

店長說過「懶得用微波爐的時候，在番薯條餅乾上撒點鹽巴也很好吃」，所以就做了，結果好吃到令人震驚。不禁讓我想到「哥倫布蛋」的典故，後來還順便查了哥倫布的資料。

鐵郎親手做做看

七月三十日

今天白天，奈奈美帶小龍來玩。說著「老爸，你應該很寂寞吧」，並帶了大國啤酒來給我，所以我點了披薩大家一起吃。小龍很喜歡披薩，吃到嘴邊都髒兮兮的，我想幫他擦乾淨時，他卻死命抵抗。當時我想著沒有蔬菜，所以就做了水煮毛豆來吃，結果奈奈美吃了嚇一跳，她說：「這爸爸煮的？調味很剛好耶。」，甚至還說了「頭尾都有切，好像外面賣的一樣，我才不會做到這個地步」。讓我忍不住老王賣瓜：「有沒有執行這個步驟，會有很大差異喔……」不過我想奈奈美應該還是不會照做。

八月七日

週一開始都在下雨。天空陰沉沉的，心情也悶悶的。回家後不經意放了木匠兄妹的歌來聽，結果又更消沉了，完全沒有做菜的動力。所以就拿出了昨晚準備好的淺漬蔬菜：高麗菜、小黃瓜、白蘿蔔。因為有扎實的鹹味，所以即使是這麼簡單的淺漬，仍美味到不可思議。再淋上辣油後，就更適合搭配啤酒了。沒錯，這種日子就該這麼吃。我搜尋了薄酒萊葡萄酒的文案，二〇〇二年是「更勝被封為十年最出色的二〇〇一年版本」，以及二〇〇三年則是「百年一遇的佳釀」，實在很喜

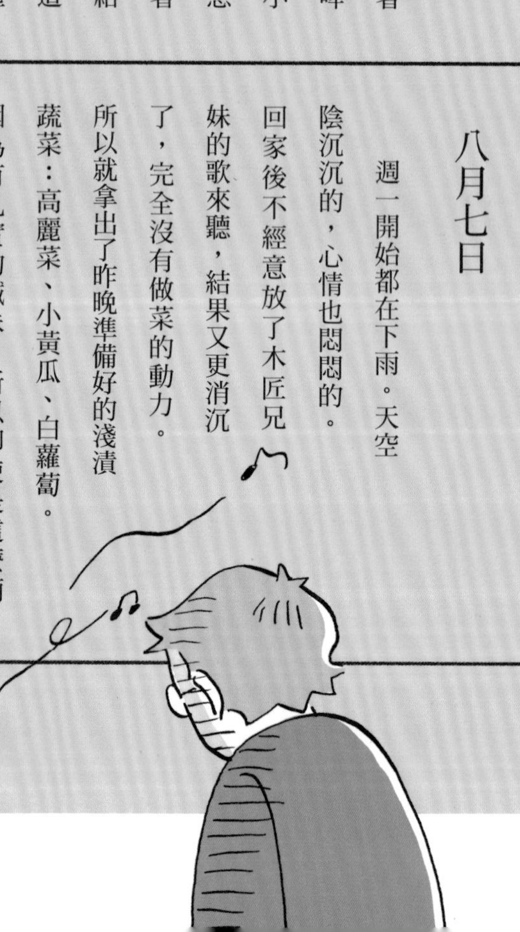

SHIOKE

歡……看完後就覺得精神來了。雖然我很少喝紅酒，但明天還是去買來喝吧？

八月十八日

和同事們一起去了狸貓居酒屋喝酒，邊想著「這裡該不會也是研究所吧」邊環顧四周，結果發現店長確實長得很像狸貓，讓我不禁抖了一下。這是我第一次和村上出來喝酒，但是他似乎不太能喝，所以一直都點烏龍茶。覺得要讓他分攤酒錢太過意不去，就要他付兩千圓就好，結果嶋口竟然插嘴抱怨：「憑什麼他那麼便宜？」就是這樣我才討厭喝得爛醉。

八月三十一日

雖然不至於寂寞難耐，但是總覺得過膩了獨居生活。這樣的夜晚，不禁想要一點新鮮感。因此便做了店長教我的香煎鱈魚風味乳酪條，結果讓我好驚豔。不僅聞起來很香，乳酪的柔和與鮮味也更有層次了，比我想像中的還要好吃十倍——這可沒在誇大。我活了六十一年，從來沒有想過要把鱈魚乳酪條拿去煎。原來這點小小的「嘗試」，也能夠改變食物的味道與風味。好久沒聽深夜廣播了，不如轉來聽一下吧。

用鮮味配酒

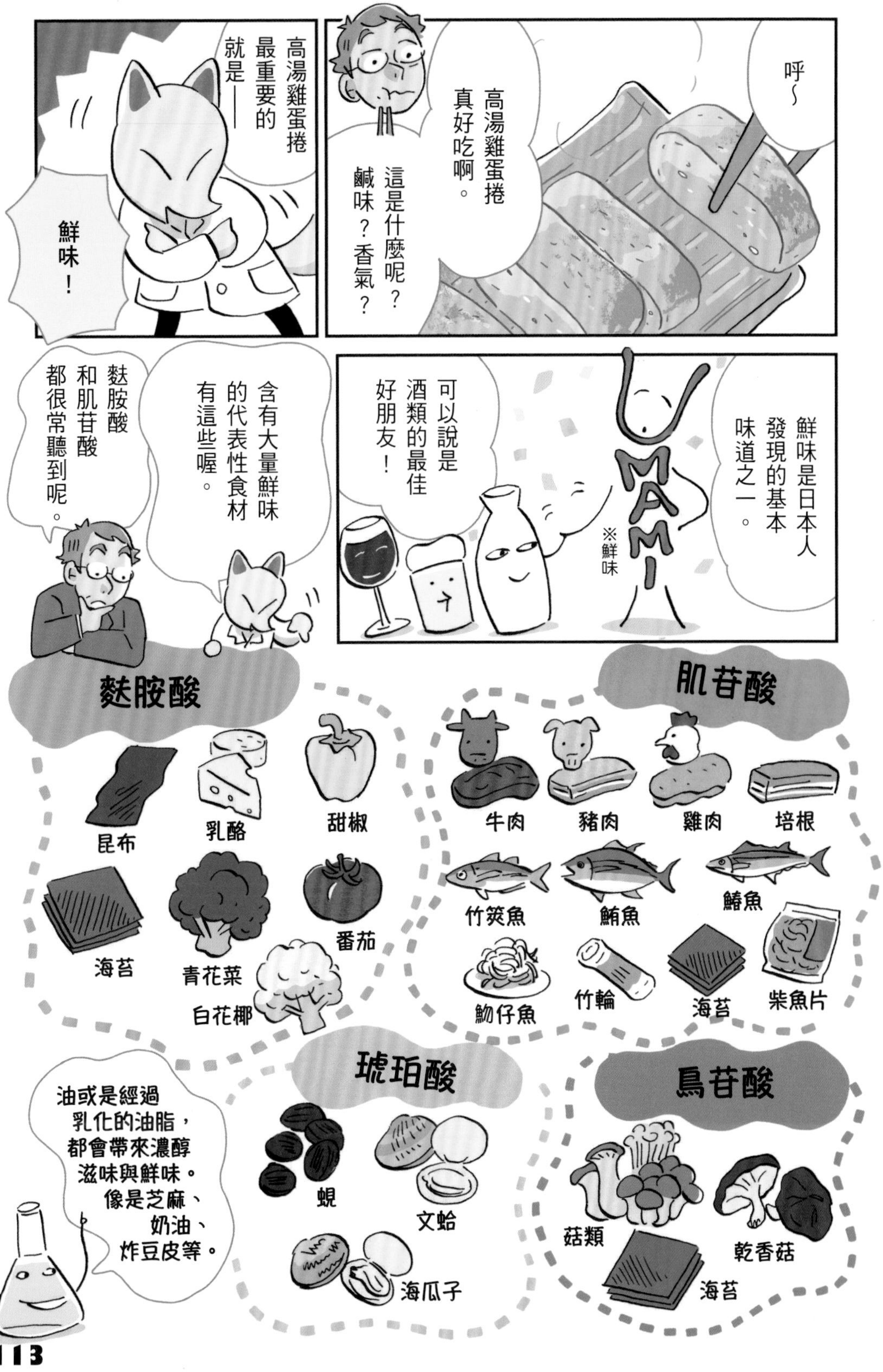

呼～
高湯雞蛋捲真好吃啊。
這是什麼呢？鹹味？香氣？
高湯雞蛋捲最重要的就是——
鮮味！
鮮味是日本人發現的基本味道之一。
UMAMI
※鮮味
可以說是酒類的最佳好朋友！
含有大量鮮味的代表性食材有這些喔。
麩胺酸和肌苷酸都很常聽到呢。
麩胺酸
昆布
乳酪
甜椒
海苔
青花菜
番茄
白花椰
肌苷酸
牛肉
豬肉
雞肉
培根
竹筴魚
鮪魚
鰆魚
魩仔魚
竹輪
海苔
柴魚片
油或是經過乳化的油脂，都會帶來濃醇滋味與鮮味。像是芝麻、奶油、炸豆皮等。
琥珀酸
蜆
文蛤
海瓜子
鳥苷酸
菇類
乾香菇
海苔

高湯雞蛋捲的鮮味……
包含柴魚高湯的肌苷酸，
竟然有兩種！
還有蛋黃的麩胺酸。
不同的鮮味加在一起會相得益彰喔！
※鮮味
嘿咻
嘿咻
吃吃看這個沒使用高湯，只有加水製作的煎蛋捲。
嗯……
好吃是好吃，覺得缺乏在口中散開的感覺……
沒錯，擴散感。
鮮味是用整個口腔感受美味。
啊——
真想一直感受著齒頰留香呢……
老是一直嘗到同樣味道就不好吃了。
?!
因為舌頭的味蕾細胞一直接收到相同的刺激就會習慣，所以就不好吃了。
真空虛……
那怎麼辦。
喝口日本酒吧。
咕嚕

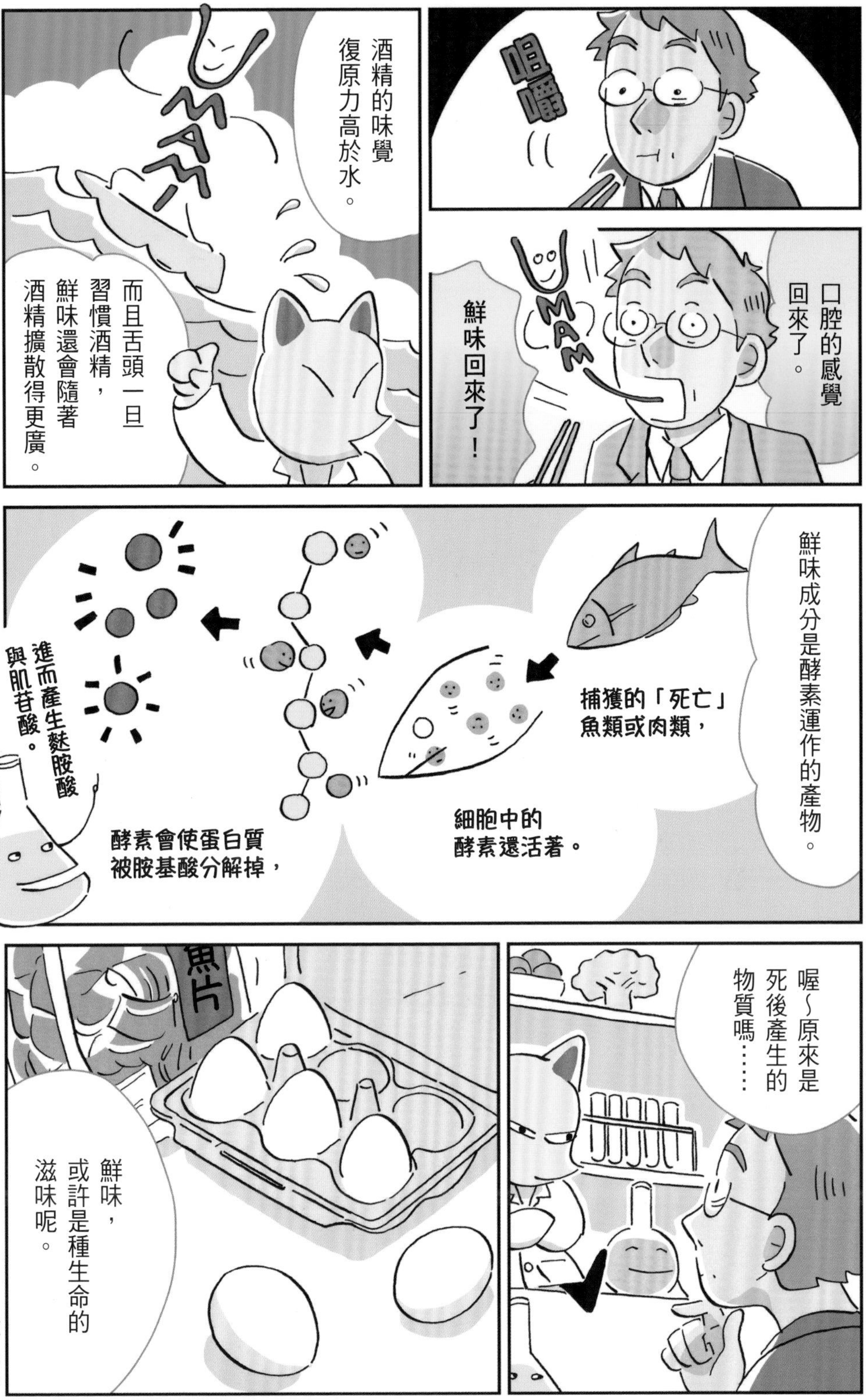
咀嚼
口腔的感覺回來了。
UMAMI
鮮味回來了！
酒精的味覺復原力高於水。
UMAMI
而且舌頭一旦習慣酒精，鮮味還會隨著酒精擴散得更廣。
鮮味成分是酵素運作的產物。
捕獲的「死亡」魚類或肉類，
細胞中的酵素還活著。
酵素會使蛋白質被胺基酸分解掉，
進而產生麩胺酸與肌苷酸。
喔～原來是死後產生的物質嗎……
魚片
鮮味，或許是種生命的滋味呢。

待續

「因為沒捲」，所以水分蒸散得比較少
水嫩多汁高湯雞蛋捲

如紙片般舞動的柴魚片，其實每一片都擁有獨特的鮮味。雖然統稱為「肌苷酸」，但是鮮味的特質卻會因刨下來部位不同，展現各自的特色。

因此使用一百片柴魚片熬出的一百毫升高湯，會比一片柴魚片熬出的一毫升高湯更濃郁鮮美。

這個高湯雞蛋捲並非一般的先煎薄片後再捲起塑型的作法，所以高湯的蒸發量比較少，水潤感堪稱「喝得到高湯的雞蛋捲」。

製作高湯

水…1又¼杯

柴魚片…2包（5g）
（細片型柴魚花，真空包裝）

① 將水倒入耐熱碗中，稍微浸泡柴魚片。然後鬆鬆地覆蓋保鮮膜後，放進微波爐3～4分鐘。

② 從微波爐取出後靜置2分鐘。用濾杯過濾後再放涼（需時60分鐘以內）。

材料

雞蛋…4顆

A
高湯…4大匙
醬油…1小匙
味醂…2小匙
鹽巴…2撮

沙拉油…適量

微波爐能夠加熱到有利於萃取高湯的80度C左右。目標是不會過度沸騰，而是僅冒出蒸氣的程度。

① 將蛋打進碗中，用筷子像是要切斷蛋白的感覺攪拌30次，接著添加A後拌勻。

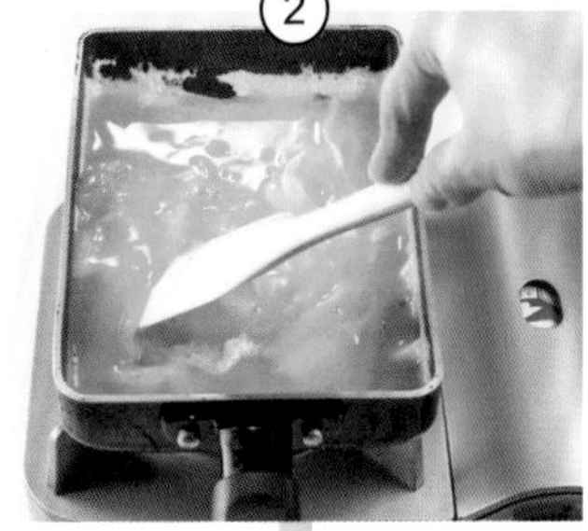

② 用廚房紙巾將油塗抹在玉子燒鍋上，開中火熱鍋3分鐘。倒入雞蛋的⅔量，靜待四周開始凝固。

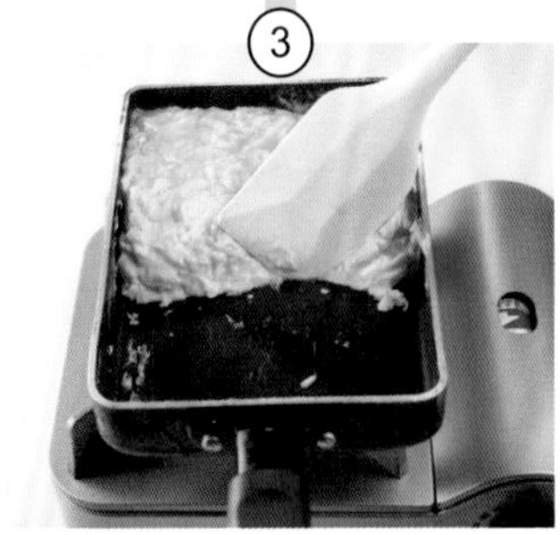

③ 用橡膠刮刀緩慢攪拌，拌至類似美式炒蛋的感覺，在快要凝固之前推向其中一邊。

④ 用廚房紙巾在空出來的這一邊抹油後，倒入剩下的蛋液。同時也要讓蛋液流到凝固蛋體的下方。

⑤ 煎1分30秒直到表面稍乾，接著用橡膠刮刀將第一次下鍋的蛋體，翻在第二次下鍋的蛋體上。

⑥ 等兩面都稍微凝固後，就開始塑型。

特別搭配的酒

可以這樣搭配

➡ 蛋液中拌入乳酪。

鐵郎的自言自語

每次在店裡點高湯雞蛋捲的時候，都不知道吃到的會偏甜還是偏鹹，好像賭博一樣。

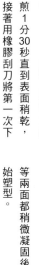

清酒蒸海瓜子

琥珀酸讓鮮味更豐富！

用酒蒸的下酒菜──仔細想想，總覺得這樣的作法好濃烈。但是清酒並不是普通的酒，加熱後酒精成分就會揮揮衣袖不帶走一片雲彩，反而留下強烈的鮮味，可以說是最佳的「鮮味調味料」。

距離可以吃還有 40分鐘

材料

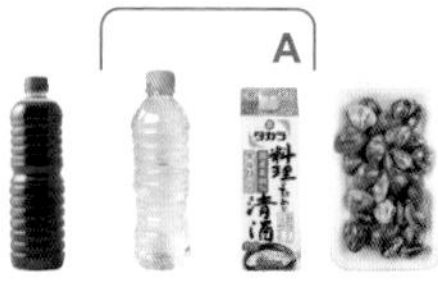

- 海瓜子…300g
- A 清酒…3大匙
- A 水…3大匙
- 醬油…½～1小匙

※若用白葡萄酒蒸的時候，除了清酒改成白酒外，醬油也要改成奶油10g。

作法

1. 將吐過沙的海瓜子與A倒入平底鍋（26公分），接著蓋上鍋蓋大火煮滾，並一一將開口的海瓜子取出。
2. 倒入醬油後重新煮滾，這時再把取出的海瓜子放回去，整體入味後就關火。
3. 使用清酒時最後可撒上青紫蘇或蝦夷蔥，白酒的話則可用蝦夷蔥或巴西里等。

白酒蒸海瓜子

白酒蛤蜊義大利麵（不要麵）風

一般的「酒蒸」類下酒菜，通常會搭配日本酒、燒酌或啤酒。但是白葡萄酒版本的「酒蒸」，則適合搭配白酒、啤酒或高球。

距離可以吃還有 40分鐘

POINT 海瓜子吐沙

要讓買回來的海瓜子吐沙，就必須打造類似海洋的環境。首先將海瓜子擺在偏深的調理盤，接著倒入蓋過海瓜子的鹽水，並蓋上鋁箔紙遮擋光線。鹽水的濃度建議為2％，也就是1.5杯的水要使用1小匙的鹽巴。接著靜置30分鐘後，用自來水互搓海瓜子清洗乾淨。

不能使用料理酒嗎？

大多數的料理酒都含有鹽分，所以建議使用清酒。平常沒在喝日本酒的人，可以買小包裝的一口杯清酒。

可以換成其他貝類嗎？

可以！扇貝、文蛤、牡蠣、淡菜都是含有琥珀酸的雙殼貝。

下酒菜知識

海瓜子加熱後，貝肉很快就會變硬。所以趁鮮嫩的時候享用才是上策。此外，除了貝肉之外，蒸煮出來的湯汁也很下酒。這麼說或許對不起海瓜子，不過真要比較的話，其實「蒸出來的湯汁」才是主角。

ABORATORY

實驗食譜

要剁幾下才好吃？

生拌魚泥裡，充滿了魚脂肪的鮮味。雖然知道生拌魚泥是剁碎製成的，但是卻不知道該剁幾下才好呢？次數不同，會造成什麼差別嗎？

材料

距離可以吃還有 10分鐘

- 竹筴魚生魚片……2人份（150g）
- 大蔥……⅓根（30g）
- 蘘荷……1～2根（30g）
- 薑……1片
- 味噌……2大匙
- 白芝麻……1大匙

作法

① 大蔥與蘘荷切一口大小，薑削皮後切絲。

② 竹筴魚切成粗塊後，拌入①、味噌、芝麻，再用菜刀從上方像敲打一樣隨意剁下。

data

特別搭的酒

OTSUMAMI

生拌竹筴魚泥

C 剁五十下

口感相當滑順，鮮味也一口氣在嘴裡擴散開來，咀嚼次數變少了。

A 粗切而已

竹筴魚的生魚片感還很明顯，口感Q彈，蔥的辣度也很明顯，一吃就知道是蔥。食材各唱各的，沒有統一感。

D 剁一百下

整體食材合而為一，基本上已經吃不出原型了，口感有點像膏。滋味相當濃醇，很適合用海苔等捲起來享用。

B 剁二十下

竹筴魚的肉受到黏稠漿液包裹，吃起來「滑順」，但是仍然保有「吃魚肉」的口感。

請你不要這樣搭

↓無論如何都會加強腥味。

結果

剁二十下最好吃

雖然研究所成員的意見相當分歧，但是最終仍決定第一名是B的剁二十下。因為以單吃來說，保有一定程度的魚肉口感還是比較好吃。相較於滑順感或融合性，我們認為「生拌魚泥猶如生魚片的衍生料理」時的狀態是最理想的。

生魚片本身就很好吃，所以其實四種實驗都很棒，而且適合搭配的酒也不一樣。

下酒菜常有的事

很多主管都喜歡問：生拌魚泥（Namerou）到底是在舔（Namerou）什麼呢？（原本是漁夫們吃的菜，意思似比是「好吃到要舔盤子」）。

UMAMI

想成是「火鍋」的話就可以輕鬆做

蝦子蘑菇
基本款
西班牙蒜蝦

西班牙蒜蝦這道下酒菜，往往會讓新手懷疑：「真的能在家裡自己做嗎？」其實這道菜的烹調原理其實與「火鍋」很像。

染上蒜頭香氣的油裡，融入了食材釋出的精華，滋味嘗起來會隨著搭配的食材而異，鮮味也會出現不同的層次——西班牙蒜蝦的這一點與火鍋大同小異。

仍建議選擇大顆蘑菇，儘管必須煮比較久，但甜味與鮮味會比較強，最後縮小的蘑菇看起來還是很可愛喔。

特別搭的酒

可以這樣搭配

↓蝦子吃完之後再喝紅酒就沒問題。

材料

帶殼蝦子（白蝦等）……8隻（150g）
白葡萄酒（或是清酒）……1大匙
蒜頭……1瓣
橄欖油……2大匙

A
新鮮蘑菇……8顆
辣椒（切圓片）……1條
橄欖油……4大匙
鹽巴……½小匙

作法

1. 在蝦子背部劃出刀痕，去除腸泥與蝦腳後，以白酒抓醃一下。蒜頭縱向切開後取出芯芽，接著切薄片。
2. 將橄欖油與蒜頭倒入平底鍋（20公分）開小火。出現香味時，再倒入瀝乾的蝦子、蘑菇，然後轉中火兩面各煎2分鐘。
3. 加入A後煮3～4分鐘，即完成。

加入「挑戰鮮味」的樂趣

硬質乳酪

起鍋前加入P.125推薦的硬質乳酪後，就能有濃醇口感。水煮青菜蘸著帶有奶香的湯汁吃，真是至高無上的幸福。

小番茄

在③的時候添加，就能夠煮出果皮有彈性、果肉軟糊的口感。而且小番茄富含麩胺酸，還能夠進一步提升鮮味。

用剩的生火腿

家裡還剩一些乾巴巴的火腿，只要加進這道西班牙蒜蝦，脂肪就會融開，綻放柔軟的口感。

莫札瑞拉乳酪球

和小番茄一起吃的感覺就像溫熱版的卡布里沙拉。綿密的口感，能夠進一步襯出小番茄的甜。

鐵郎的自言自語

這些油倒掉的話好像很浪費……實在不知該如何是好。（店長：拿來蘸水煮青花菜吧，會忍不住吃完一整朵喔。還可以拌義大利麵或烏龍麵。）

一口接觸就開啟了美味新世界 乳酪圖鑑

搞懂乳酪之前與之後，是兩條完全不同的人生道路。「哎喲，乳酪這種東西我常吃啊！」你是否抱持這樣的念頭呢？事實上你所知道的乳酪，只是遼闊新世界的入口而已。

加工乳酪

像雪印的「乳酪片」、「6P乳酪」這種品質穩定且易於運用的乳酪。「加工」顧名思義，就是將左邊的「天然乳酪」弄碎、融化後重新塑型的商品。由於酵素等已經停止作用，所以不會繼續熟成。

新鮮

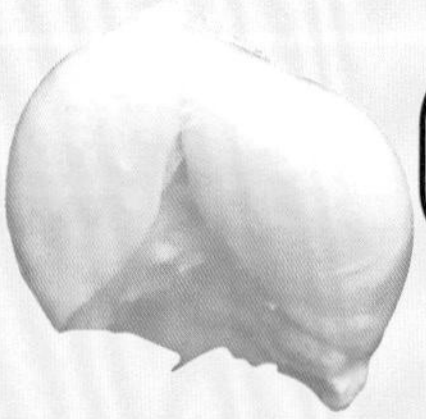

沒有熟成的乳酪，含水量多，正如其名，重點在於新鮮的美味，是大眾都可接受的滋味。

◎奶油乳酪、馬斯卡邦乳酪、莫札瑞拉乳酪、布拉塔乳酪、瑞可塔乳酪、茅屋乳酪。

白黴

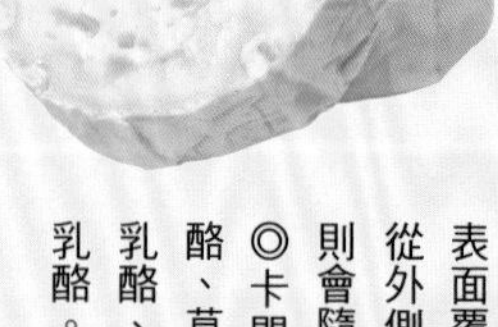

表面覆蓋一層白黴的乳酪，會從外側開始熟成，綿密的內部則會隨著熟成逐漸變黏稠。

◎卡門貝爾乳酪、紐沙特乳酪、莫倫布里乳酪、莫城布里乳酪、卡普利斯乳酪、巴拉卡乳酪。

天然乳酪

在生乳中添加乳酸菌或酵素等，使其固化所製成。一如其名，在乳酸菌或酵素存活的情況下天然熟成，隨著熟成程度提升，個別風味也愈發強烈。

硬質、半硬質乳酪

本研究所最推薦的一種。藉由加壓排出水分，一如其名是偏硬的乳酪。熟成期很長，鮮味濃重醇厚。極富口感所以與日本酒很搭，切成小塊佐沙拉也很美味。

◎切達乳酪、帕瑪森乳酪、艾登乳酪、高達乳酪。

最推薦！

No.1

康堤乳酪（法國）

寒冷地區為了過冬而製作的高保存性乳酪，是一種會讓人愛上乳酪的適口滋味，甚至不少人表示：「康堤帶領我踏進乳酪的世界。」風味優雅又有嚼勁，乳酪的鮮味會在口中餘韻不絕，簡直就是乳酪之王。

No.2

米莫雷特乳酪（法國）

脫水工法濃縮了鮮味，有著烏魚子般的濃厚滋味。乳酪在表面的「乳酪蟎」的作用下熟成，鮮豔的橙色萃取自植物色素「婀娜多」。

No.3

羅馬諾羊奶乳酪（義大利）

義大利最古老的乳酪，據說羅馬軍遠征時會攜帶。最初目的就是長期保存，因此非常鹹，脂肪量比帕瑪森乳酪還要少，滋味比較清爽。使用羊奶製成。

藍紋乳酪

內側有藍黴繁殖的乳酪。這是可以吃的黴菌，請不用擔心。香味強烈刺鼻，鹹味與風味都很濃重。

◎戈貢佐拉乳酪、洛克福乳酪、昂貝爾乳酪、斯蒂爾頓乳酪、康寶佐拉乳酪。

洗皮乳酪

熟成過程中，以鹽水或酒清洗表面以避免雜菌繁殖。氣味非常強烈，因此喜歡的很喜歡，不喜歡的就很不喜歡。其中也有較具黏稠感的類型。

◎埃普瓦斯乳酪、芒斯特乳酪、塔萊焦乳酪、金山乳酪、利瓦羅乳酪、朗格爾乳酪、瑪瑞里斯乳酪。

羊奶乳酪

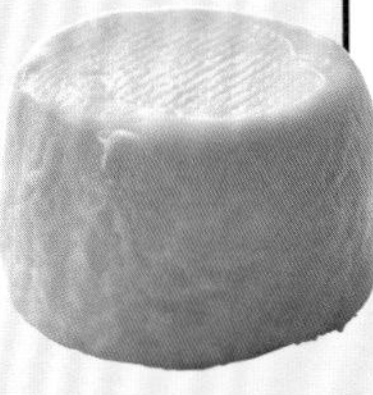

原文chèvre在法文中是母羊的意思。這種乳酪是在羊奶撒上天然炭灰等熟成，擁有羊奶特有的氣味，風味相當明顯。

◎瓦朗賽乳酪、巴儂乳酪、巴拉特乳酪、謝河畔瑟萊乳酪、普利尼聖皮耶乳酪。

乳酪的保存法

建議放在保鮮袋後再冷藏，這樣可以中止熟成，品質會比較穩定，也不易發霉。

適合成熟大人們的熟成鮮味

天天換乳酪佐醃菜

適合的酒

卡門貝爾乳酪佐榨菜

榨菜是中華料理中的漬物，麻油香氣與白黴極富特色的鮮味重疊時，會形成令人意外的新滋味。

①只配乳酪吃
②只配醃菜吃
③一起配著吃
不妨分成這三階段享受。

適合的酒

奶油乳酪佐煙燻蘿蔔

非常經典的搭配。煙燻特有的氣味，與乳酪的綿密在口中交織出不同凡響的世界。同時還能夠享受香氣在口中擴散開來。

適合的酒

馬斯卡邦乳酪佐明太子

經我們長年研究，終於發現「明太子遇到酸味會變苦」，因此選擇了酸味較低的馬斯卡邦乳酪。這組合也可以做成蘸醬。

很會搭嘛。蔬菜在醃漬過程中，糖分會被分解而形成具深度的滋味。這風味能與新鮮型乳酪交織出「鮮味」。

適合的酒

將米糠漬擺在乳酪片上

適合新手的開胃菜。把乳酪片厚厚疊起，就能打造濃厚的「乳酪感」，因此醃菜不要擺在旁邊，而是疊在上方。透過米糠漬的溫潤，為加工乳酪增添柔和口感。

適合的酒

莫札瑞拉佐柴漬

提到莫札瑞拉就會想到羅勒，所以這裡用有和風羅勒之稱的紫蘇引出華麗層次。讓清爽滋味增添恰到好處的鹹味與酸味，另外還可以加點橄欖油也不錯呢。

開氣泡酒的時候就做來吃

生蘑菇沙拉

蘑菇可以生吃，清爽脆口的滋味相當獨特，一邊咀嚼還會有鮮味蔓延開來。真不愧是同時具備鳥苷酸跟麩胺酸的菇類。

無論是白色還是棕色的，都應在買來三天內趁新鮮吃完。保存時則應放在蔬菜室前方較通風的位置。

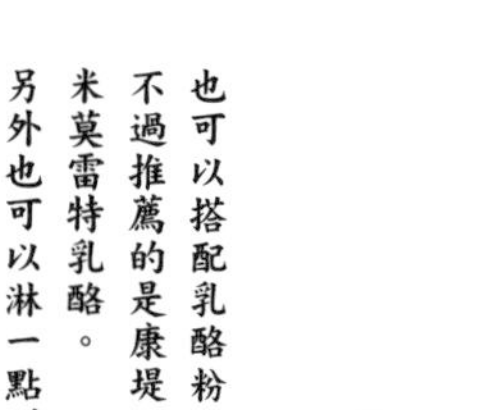

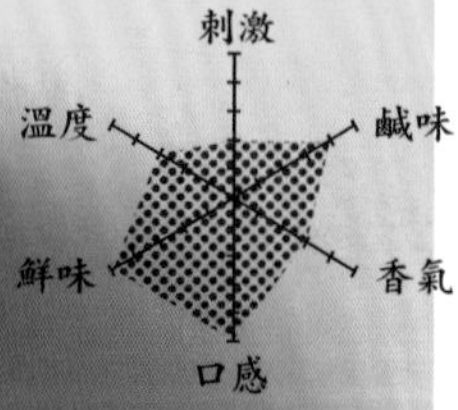

距離可以吃還有 5分鐘

材料

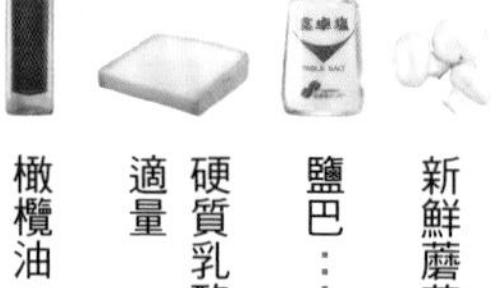

新鮮蘑菇……6顆

鹽巴……少許

硬質乳酪……適量

橄欖油……1~2小匙

作法

1. 生蘑菇切得越薄越好。放進碗中用手抹上鹽巴再裝盤。
2. 擺上薄切乳酪並淋上橄欖油。

也可以搭配乳酪粉，不過推薦的是康堤、米莫雷特乳酪。另外也可以淋一點醋。

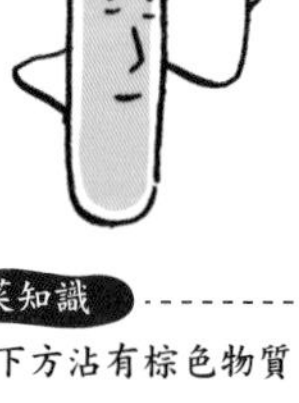

下酒菜知識

蘑菇蒂下方沾有棕色物質，是一種叫「泥炭苔」的無菌介質，不是泥土。

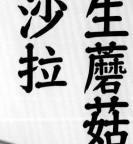

生白花椰沙拉

在超市看到白花椰時，往往會當作沒看見。但是就算只有一次也好，請嘗試看看吧。它沒什麼菜味，就算生吃也很美味。

雖然生吃帶有少許辛辣，但是只要撒一撮砂糖，其難以言喻的美味，讓每個研究員都吃到停不下來。

距離可以吃還有 5分鐘

材料

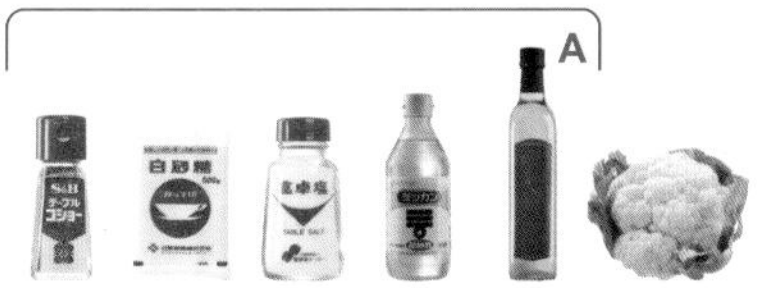

- 白花椰……5～6朵（150g）
- A
  - 橄欖油……2大匙
  - 醋……1大匙
  - 鹽巴……½小匙
  - 砂糖……1小撮
  - 胡椒……少許

作法

1. 將白花椰切成小朵後，縱切成薄片且越薄越好。有花蕾掉落時，也要留下來使用。
2. 將A倒入碗中，用指尖攪拌至乳化後，再加入①後，用手輕抓拌勻即可。

下酒菜知識

白花椰與青花菜所含的麩胺酸，在蔬菜中都名列前茅。兩者同屬十字花科，因而都有濃郁的鮮味，單吃就很夠味。

讓全國的速食店都哭出來
薯條用「炒」的

說到薯條，一般認知就是用大量的油去炸。但是這裡只用了四大匙的油而已。因為油只用一次，所以有著新鮮的香氣。試吃時甚至還有人不禁大讚：「沒吃過這麼好吃的薯條！」

這道薯條的關鍵在於太白粉。為什麼不用麵粉呢？因為太白粉的原料是馬鈴薯澱粉，所以會形成猶如從食材生成的自然麵衣。外側多了麵衣包覆，內在就格外鬆軟，並且散發出馬鈴薯的香氣。

本章的主軸不是鮮味嗎？沒錯，其實馬鈴薯中也含有很多麩胺酸！也就是說，這是一種不必加鹽巴，也能自然感受到鮮味的蔬菜。

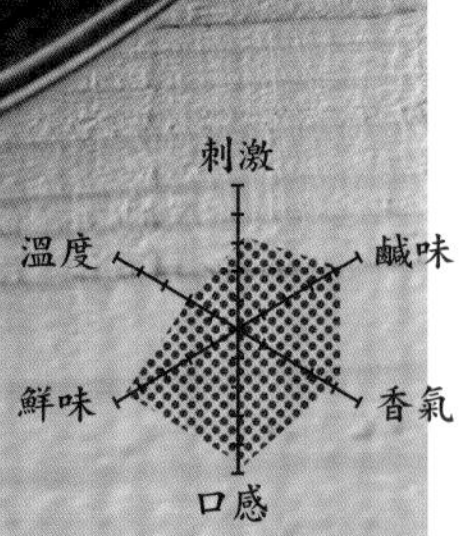

這麼「真心的」優質根莖蔬菜，化身「垃圾食物」

材料

馬鈴薯…2顆（250g）
太白粉…4大匙
沙拉油…4大匙
鹽巴…¼小匙
胡椒…少許

作法

① 馬鈴薯清洗乾淨。帶皮一起切成約略1公分粗的條狀後，快速過水一下。
② 瀝乾水分，再撒上太白粉。
③ 將油倒入平底鍋（26公分）裡中火熱鍋，接著把②一口氣倒入並攤開。
④ 用中大火煎3分鐘後，上下翻面炒3～4分鐘直到表面酥脆。瀝油之後再撒上鹽巴與胡椒。

特別搭的酒

可以這樣搭配

↓ 適合兌氣泡水。因為這道下酒菜會讓人口渴，所以要搭配能大口暢飲的酒款。

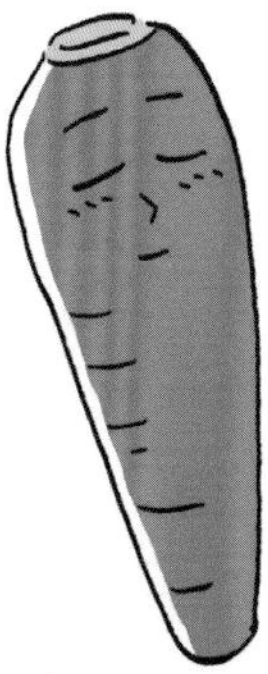

胡蘿蔔

身為營養價值高的蔬菜優等生，我既被討厭也相當出風頭。我想要脫下這假面，展現真心的自己！

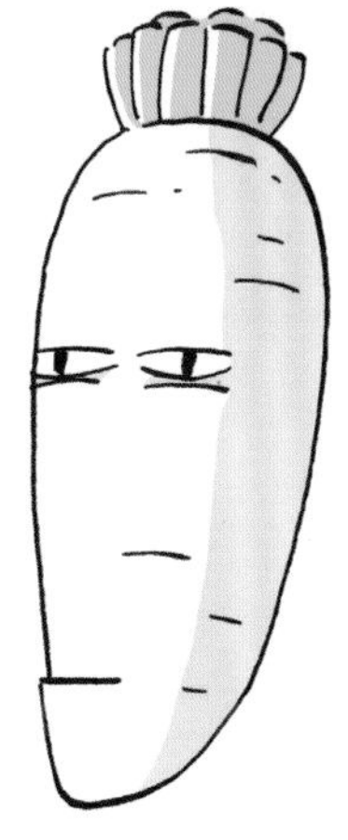

白蘿蔔

我雖然極有分量，價格卻非常便宜，甚至很容易出現在「太多時該怎麼處理」這搜尋關鍵字之列。我想要脫下這假面，展現真心的自己！

甜味都濃縮其中，
口感鬆軟且沒有蔬菜腥味！

既酥脆又多汁，
這真的是根莖類蔬菜嗎？
充滿了清爽氣息呢！

雖然它們都脫掉了外皮，
露出真心的自己，
但其實皮也很美味喔。
事實上外皮可是被視為鮮味聚集的「香草」。據說歐洲在剝完豆子後，會把豆莢丟進鍋中一起煮，藉此使豆子染上香氣。

喝到一半想增加點鮮味時

開喝一小時後的海苔捲

已經喝了一個小時，總覺得有點喝夠了。啤酒喝完，所以現在是燒酎時間。對了，拿出那個吧。這時該讓鮮味帝王——海苔登場了。

雖說海苔只是植物，卻與一般植物不同，生長在海中充滿浮游生物，也就是動物性物質的環境。因此同時具備豐富的鮮味，滋味也相當濃醇。

光是含著海苔片就會變成高湯，配酒時海苔的香氣更是四溢。就連餐桌上吃剩的下酒菜，只要用海苔包起來就變鮮了。煥然一新的下酒菜，實在令人愉快。

把海苔放進冷凍庫

海苔該存放在哪裡才好呢？答案是冷凍庫。海苔沒有水分，所以冷凍也不是問題，不如該說反而有助維持爽脆口感久一點。海苔規格五花八門，其中「全形」的尺寸約為21公分×19公分，和日常文件差不多大。準備大於這個尺寸的保鮮袋，將整袋海苔封存，保存狀態就會非常好，日後要取出時也方便。

一開始先用小火嘗試，熟練之後再改用中火。

恢復爽脆的關鍵在於「將背面翻至正面」烤

其實海苔也有分「背面與正面」，帶有光澤的是正面，粗糙的是背面。海苔的香氣源自於背面，所以取出兩片海苔之後，請讓正面與正面貼合，再火烤朝向外側的「背面」。烤的時候要在瓦斯爐上快速來回劃過十次，等表面顏色變綠時，肯定會散發出撲鼻的香氣。

P.150

用來包嗆辣酪梨三小福拼盤，酥脆濃醇，根本無可挑剔。

P.50

用來包韓式生拌牛肉風綜合生魚片
完成度極高，甚至一開始就吃也不錯。

P.92

用來包三小福梅醬小黃瓜
就像店家會在主菜之間端出的清口菜。

P.126

用來包乳酪佐醃菜
海苔與乳酪上輩子是好同事吧。

使用炸豬排專用肉
今天星期四，來份味噌醃豬肉

星期日去採買時，發現炸豬排專用肉在特價。所以就買來先用味噌醃好，等到忙到無暇採買的下半週來臨，肯定會稱讚星期日的自己：「幹得好！」

鹽漬比較難拿捏用量，味噌漬就算隨興一點仍然好吃。味噌滲入肉裡之後，便散發出高雅氣息，肉質軟化變得更爽脆，一咬就斷。

特別搭的酒

材料

- 豬里肌（炸豬排專用）…2片（250g）
- 味噌…4大匙
- 砂糖…1大匙
- 味醂…1大匙
- 沙拉油…1小匙

作法

1. 製作味噌醃料。味噌仔細攪拌後，加入砂糖與味醂拌勻。
2. 攤開保鮮膜，取一半味噌醃料鋪平在上面，接著擺上豬肉，再將剩下的味噌醃料塗在肉上。然後用保鮮膜緊緊包裹豬肉，冷藏6小時以上（若放到第7天時就改用冷凍）。
3. 豬肉取出後快速沖掉味噌，再擦乾上面水分。
4. 油放入平底鍋（26公分）後開始中火熱鍋。接著放肉煎3分鐘左右，翻面後改用小火煎5～6分鐘。

圖解 味噌醃漬 如何讓肉變好吃的機制

1

味噌裡的麴菌會產生大量酵素，而酵素是蛋白質的一種，還能分解肉的蛋白質。事實上人體內就有酵素，能夠將吃進肚子裡的食物細細分解成好消化的程度。

2

味噌裡的鹽分、糖分、鮮味等會滲入肉裡，同時也會藉由滲透壓帶走肉當中多餘的水分，只保留必要的量。也就是說，會拿「味噌當中的美味水分」換掉「肉當中的多餘水分」。

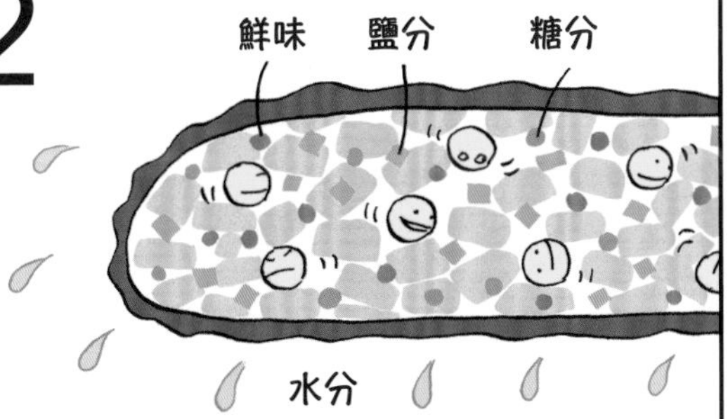

煎過後容易變硬的雞里肌、雞胸肉、帶殼蝦、雞翅也可以使用相同作法。

疲憊的日子常有的事
覺得酒特別好喝。

才會釋出鮮味？

實驗食譜

只要在豬五花肉抹上重量2%的鹽巴與砂糖，就能在家自製熟成鹹豬肉。那麼究竟要放到第幾天，才會產生下酒的強烈鮮味呢？

材料 易於製作的量

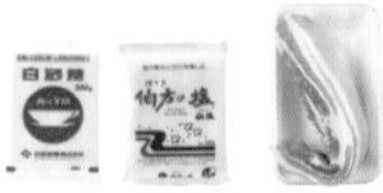

- 豬五花肉（塊狀）…400～500g
- 粗鹽…2小匙
- 砂糖…2小匙

作法

① 整塊豬肉抹上鹽巴與砂糖（各1小匙）後，抹的時候稍微搓揉。翻面後一樣抹鹽巴與砂糖（各1小匙），並進一步搓揉表面。

② 取2張可包裹住豬肉的廚房紙巾（不用撕開），將豬肉包起來。接著外側用保鮮膜緊緊裹住，放進冰箱裡冷藏（第10天起要冷凍）。

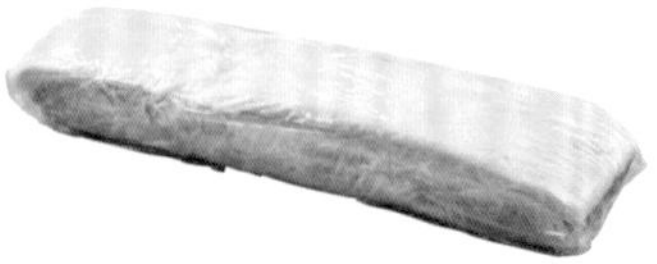

靜置一天後要更換廚房紙巾並用保鮮膜重新包好，接下來每兩天必須更換一次，避免水分殘留表面。

將蝦夷蔥或青紫蘇切碎後撒在鹹豬肉上。

鹽漬的鹹豬肉要放幾天

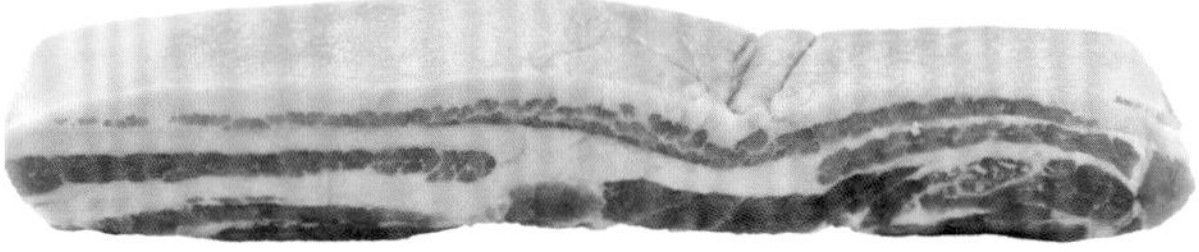

A

第二天（醃漬隔天）

肉與鹽巴還各自獨立，只有表面帶有鹹味，感覺整體滋味還很突兀。

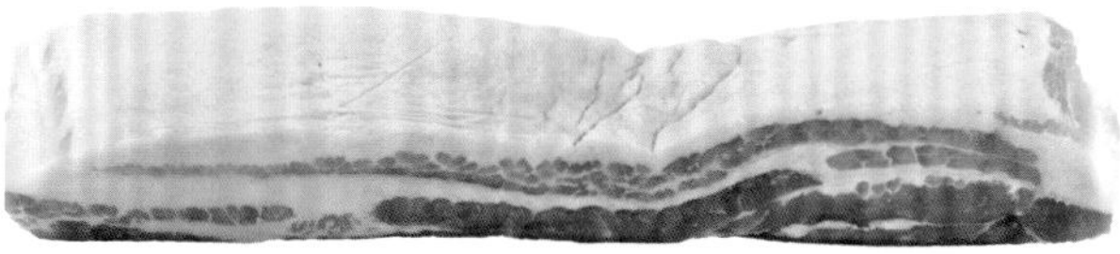

B

第三天

鼻腔深處可以感受到比第二天更重的濃醇感。但是鹽味與肉的香氣仍未合而為一。

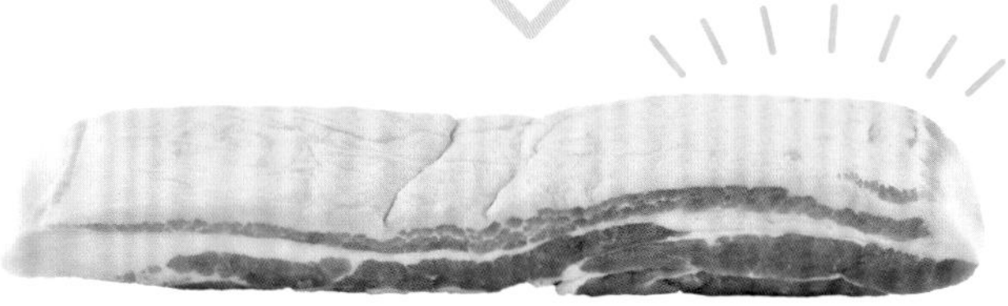

C

第五天

一口氣多了熟成香氣，滲入肉中的鹹味也恰到好處，肉腥味變少，說不定是最佳的醃漬時間。

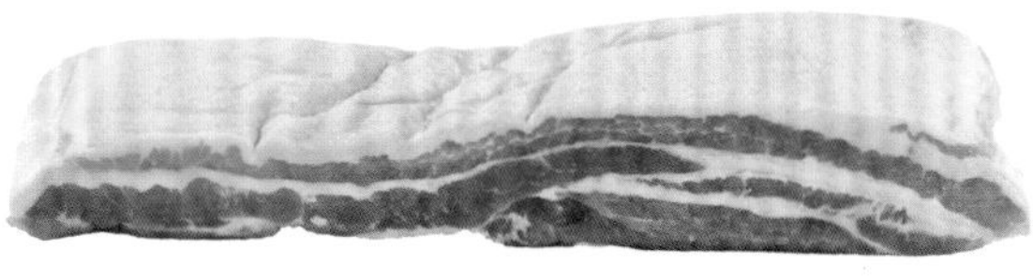

D

第十天

鹹味完全滲入肉中，散發出發酵的氣味，根本變成生培根了。相較於單吃，比較適合煮湯或用大量蔬菜包起來吃。

＊為了方便確認變化，我們盡量使用相同形狀與尺寸的肉。

結果

第五天就可以拿出來吃

我們這次比較了切薄再煎過的四款豬肉。

不過鹹豬肉還可以切得更大塊與蔬菜一起煮成燉菜鍋，或是直接水煮食用。總而言之，發現大塊豬五花時，只要買回家先用鹽巴醃漬，就會有種「已經有主菜了」的踏實。

下酒菜知識

使用黑胡椒、咖哩粉甚至是其他調味料一起搓揉醃漬的話，就真的會變培根喔。

千層豬五花滷肉

一口咬下層層堆疊的肉片，飽嘗極致的鮮味

每一口滷肉既多汁又入口即化，能夠實現如此夢想的就是這道千層豬五花滷肉。每一塊都極具分量，同時又軟爛到令人震驚。

一般滷肉要花兩個小時，但是這道只要二十分鐘就可以上菜。

使用軟管薑泥明顯不夠味，所以建議直接使用大量的薑片。

豬五花肉接近肋骨，而骨頭附近的肉特別容易有鮮味累積。這道菜剛入口時，首先感受到的是脂肪的甘甜，接下來會有薑的清爽香氣在鼻腔深處擴散開來。

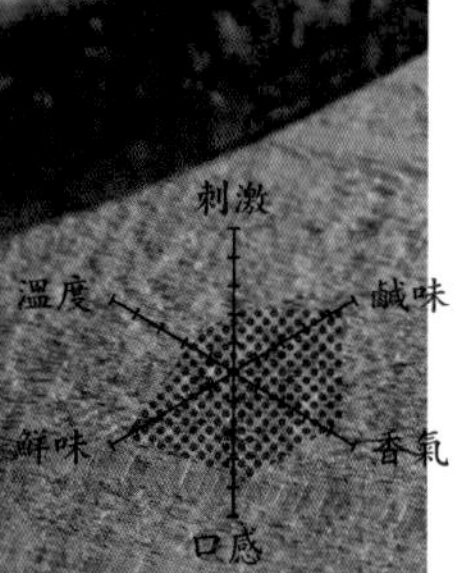

距離可以吃還有 20分鐘

材料

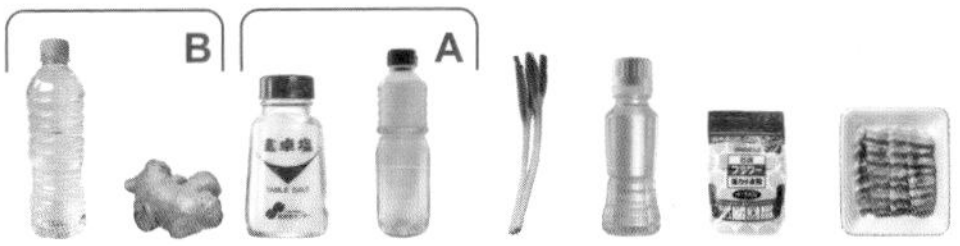

- 豬五花肉（薄片）…12片（250g）
- 麵粉…1大匙
- 沙拉油…1大匙
- 大蔥…1根（100g）
- A 味醂…4大匙
- A 鹽巴…1小匙
- B 薑（薄片）…1片
- B 水…½杯

作法

① 豬肉片折在一起（如下圖）撒上麵粉。

② 將油倒入平底鍋（26公分）後，以中火加熱再擺上豬肉。兩面各煎2分鐘，並用廚房紙巾吸走多餘油脂。

③ 大蔥切成4公分的長段入鍋，然後用繞圈的方式倒入A後，滾煮約1分鐘。

④ 倒入B煮至沸騰後，蓋鍋蓋稍留縫隙，轉小火煮10分鐘。中途要上下翻面。

特別搭的酒

可以這樣搭配

↓滷肉裡放入少許蒜頭，並撒上黑胡椒。

鐵郎：請問，我該怎麼折五花肉片呢……？

店長：首先取一片折疊成6×5公分大小。

接著取另外一片從外側包起。
記得要從側面包喔。

因此十二片豬肉可以組成六組。

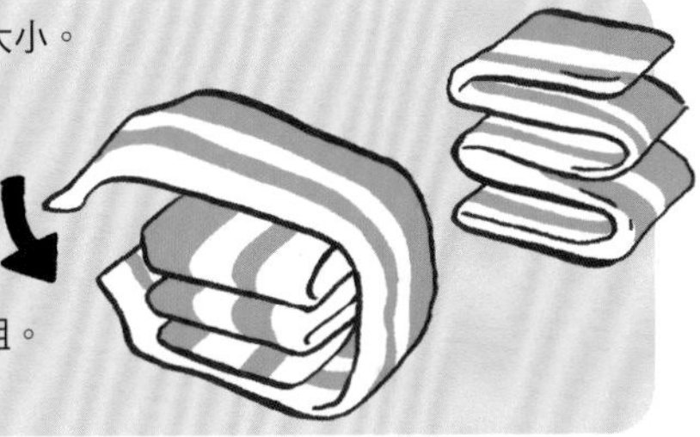

鐵郎：謝謝。好大塊喔，視覺上好驚人！我以為豬五花肉片只能用煎的而已，真是太驚訝了。

店長：攤開煎當然也很好吃，但是層層堆疊時的鮮味會更強烈喔。每一口都可以感受到肥肉與瘦肉交織出的對比層次。雖然只是個人感受……不過總覺得能夠一口氣嘗到不同部位的鮮味。
像是這樣↓

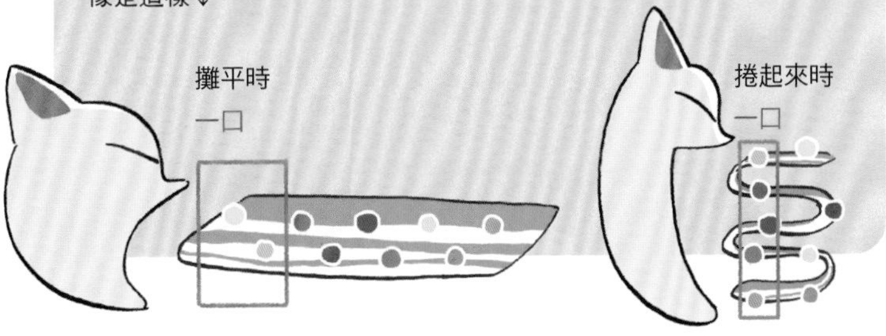

鐵郎：原來如此。

鐵郎親手做做看

九月三日

第一次聽到加工乳酪和天然乳酪的差異後，猶如醍醐灌頂，所以忍不住買了卡門貝爾和乳酪條以外的乳酪。當時有「康堤六個月熟成」和「康堤十八個月熟成」可以選，因為不知道該買哪個才好，就乾脆都買來吃吃看。結果發現十八個月的乳酪有很強烈的風味，以我的喜好來說，六個月的就很好入口。雖然價格有點貴，但是又不是一口氣要吃很多，當成下酒小點心一次吃一些倒不是問題。此外，這款乳酪也和我平常喝的燒酎很搭，算是意外驚喜。改天也想按照店長的建議，磨成粉後撒在沙拉上。雖然覺得這種行為好像太做作，但是反正是自己吃，沒關係啦。

九月二十六日

公司的淺井拿了馬鈴薯給我，原來她老家在北海道。「老家總是寄一大堆給我，拿來做奶油馬鈴薯也已經吃膩了。雖然孩子們會想吃洋芋片，不過炸東西好麻煩喔。」當時她苦笑著表示。所以我本來想把店長教我的「炒薯條」食譜告訴她，但總覺得必須先親手做過才行。於是回家馬上就拿一顆馬鈴薯來做了，結果好吃到令我有些震驚，甚至配了兩瓶啤酒，畢竟冷掉之後還是很酥

脆。我發現「半煎半炒」比單純的「炒」還要簡單，所以明天向淺井道謝時，順便告訴她作法。但是不曉得這樣是否太煩人？做菜方面的話題乍看很好聊，實際上要聊之前還是得多方顧慮呢。

十月二十日

超市的竹筴魚生魚片很便宜，我想著「對喔，可以做生拌魚泥」，就買回家了。一直覺得生拌魚泥是很專業的一道菜，沒想到我也會有親手做的一天。反正明天是週六，所以就順便把奈奈美送的京都當地產的酒開來喝，結果實在是太好喝了。話說回來，店長建議生拌魚泥要「剁二十下」，所以我在二十下時試吃了一口，果然不夠滑順，畢竟都已經是「泥」了說？啊，我用了「了說」。該怎麼說呢？不曉得是不是對於說出自己的主張感到害羞，下意識用了平常不太會用的語氣。不，這種小事怎麼樣都無所謂，結果我剁到第五十下還是第七十下之後就數不下去了。看來我心中的排行榜裡，第一名應該是七十下左右。哎喲，什麼我心中的排行榜啦？又不是什麼競賽。看來老子已經開始醉了，畢竟我都開始稱老子了，趕快來睡吧。

用溫度與刺激性配酒

喀
這是……
就是這個！
這就是我夢寐以求的蔬菜棒！
你太誇張了。
這和我做的哪裡不一樣呢？
切法嗎？蘸醬味道？
喀
那些都算原因……
唰！唰！
但最大的因素是「溫度」。
我做的蔬菜棒保存在5度C的環境。
呼～
咦！
我家只有體溫計而已……
沒那麼複雜喔。
2～5℃
總之，只要事先冷藏八個小時，自然會變成最佳溫度。
因為冰箱的冷藏就大概是2～5度C左右，依位置而異就是了。
閃亮亮
這樣我辦得到！

據說與體溫相差約25度C的食物，對人類來說是最美味的溫度。
60～70℃ 左右
36℃ 左右
36.0℃
5～11℃ 左右
像是比體溫還高、咕嘟咕嘟滾的火鍋或拉麵。
嗯嗯
確實半冷不熱的拉麵或味噌湯實在令人吃不下去。
畢竟熱騰騰時聞起來最香！
蒜頭也是用熱油煸過才比較香，對吧。
食欲大振～
此外脂肪含量也與溫度有關。
基本上好吃的冷食，都是脂肪含量偏少的食物。
像是生牛肉片或番茄冷盤等。
蔬菜棒也是。
沒錯。

更重要的是溫度的變化。
60°c
5°c
冰冰涼涼的番茄冷盤。
在口中升溫，
釋放出麩胺酸的鮮味……
嚼
嚼～
如果原本是常溫的話，就嘗不到這滋味了。
沒想到番茄冷盤還有這樣的底細……！
Tail's of HIYASHI TOMATO
畢竟喝酒這件事本身充滿了變化的。
一開始吃了毛豆配啤酒，
一個小時後還願意吃同樣的組合嗎？
好像不行……想換不同的酒跟下酒菜呢。
想要來點不一樣的刺激。
溫度與刺激性密不可分。
所以我製作了這樣的圖表。
嗶
好，來了！
哇嗚
刺激！

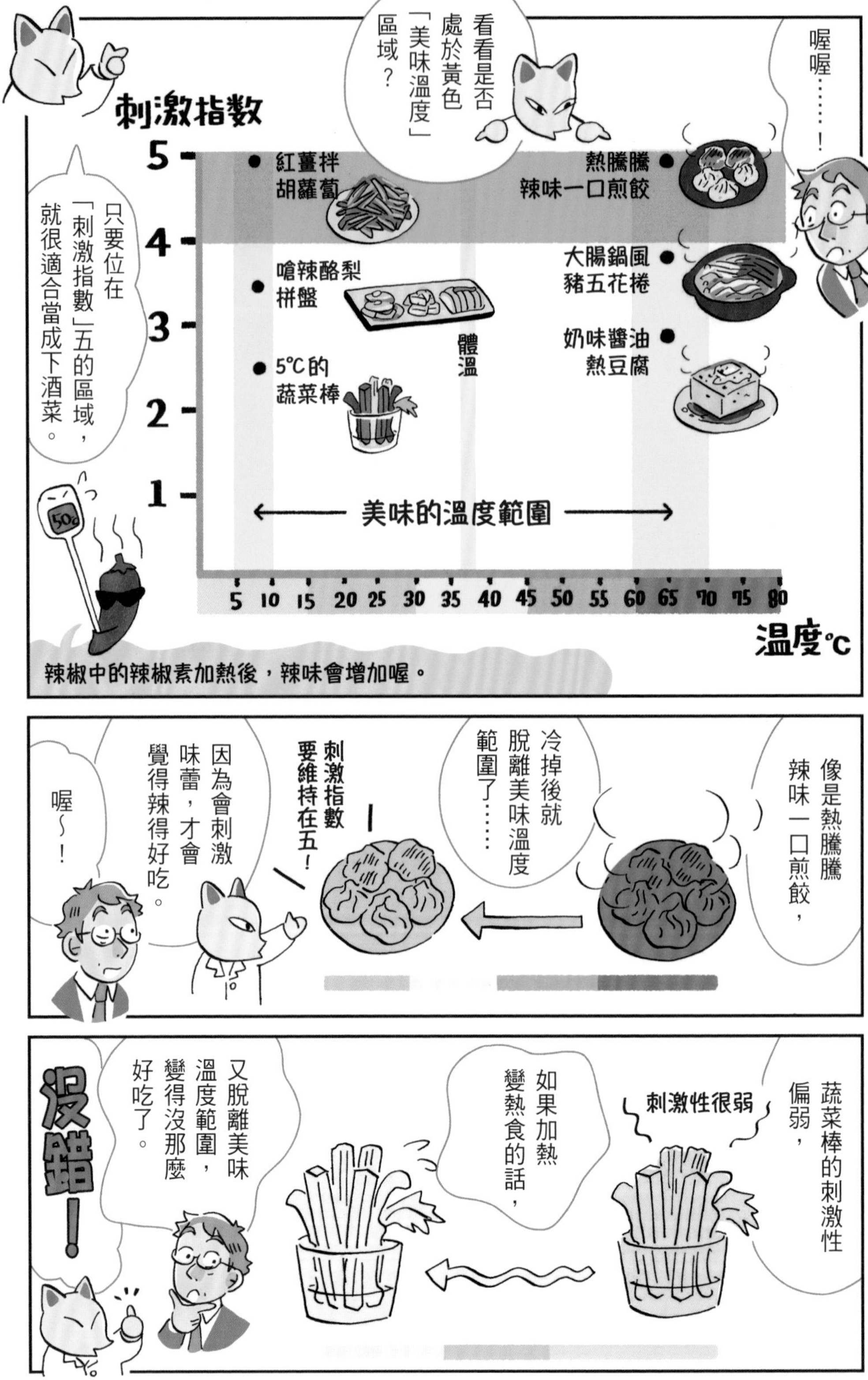
看看是否處於黃色「美味溫度」區域？
喔喔……！
刺激指數
5
4
3
2
1
紅薑拌胡蘿蔔
熱騰騰辣味一口煎餃
嗆辣酪梨拼盤
大腸鍋風豬五花捲
5℃的蔬菜棒
奶味醬油熱豆腐
體溫
美味的溫度範圍
5 10 15 20 25 30 35 40 45 50 55 60 65 70 75 80
溫度℃
只要位在「刺激指數」五的區域，就很適合當成下酒菜。
辣椒中的辣椒素加熱後，辣味會增加喔。
像是熱騰騰辣味一口煎餃，
冷掉後就脫離美味溫度範圍了……
刺激指數要維持在五！
因為會刺激味蕾，才會覺得辣得好吃。
喔～！
蔬菜棒的刺激性偏弱，
刺激性很弱
如果加熱變熱食的話，
又脫離美味溫度範圍，變得沒那麼好吃了。
沒錯！

但是刺激性很主觀吧？
像有些人很能吃辣，有些人就很怕辣。
沒錯！很聰明喔。
鐵郎先生，您覺得這首曲子如何呢？
按
砰
鏘鏘
噠噠噠噠
砰砰
噠噠
好吵～
按
太激烈了嗎？
但這是我平常聽的音樂。
咯噔
咯噔
有時聽古典樂對我反而是種刺激。
原來你喜歡這種風格啊。
嚴格來說，刺激性指的就是跳脫「日常」的變化。
觀賞平常不太看的類型電影
試著走平常不會走的路
所以做下酒菜時，也可以像這樣尋求刺激。
嘗試新吃法，
或試著買點沒買過的食物。
這主意不錯！
幾天後——
不小心買了……
羅馬花椰菜……
到底該怎麼煮才好呢？
待續

超商就買得到的食材

豆漿山葵涼拌豆腐

材料

嫩豆腐…½塊（150g）

豆漿…1又½大匙

醬油…½大匙

柴魚片…依口味

山葵醬…依口味

作法

① 豆腐與豆漿好好地冰鎮。

② 將瀝乾的豆腐擺在容器上，依序淋上豆漿、醬油，並撒上柴魚片與山葵醬。

豆腐有九成是水分，所以只淋醬油時會覺得水水的。想要增加濃醇感的話，就淋一些豆漿吧。冰涼的豆腐滑過喉嚨後，隨之而來的是山葵醬的嗆辣刺激。接著再來一口兌熱水的燒酌，就會沿著食道慢慢溫暖整個胃。

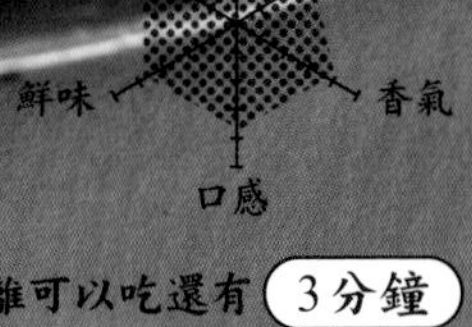

距離可以吃還有 3分鐘

溫柔包裹不畏任何質疑的美味

奶油醬油熱豆腐

—材料—

嫩豆腐……½塊（150g）

奶油……10g

醬油……½大匙

黑胡椒……依口味

—作法—

① 將豆腐擺在容器上，放上奶油、淋上醬油後，用微波爐加熱1分30秒，接著灑上黑胡椒。

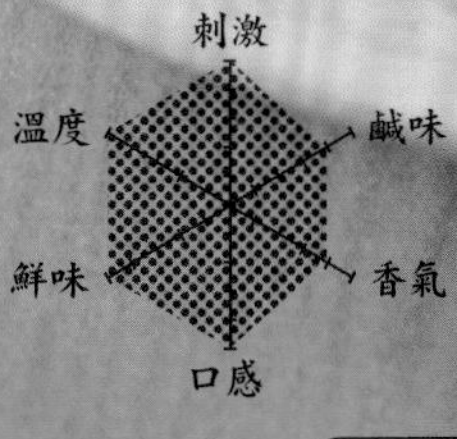

距離可以吃還有 3分鐘

這道下酒菜中，奶味醬油的威力實在太厲害了。用湯匙挖一口熱騰騰的豆腐，邊吹氣邊放入嘴裡，再來一口冰涼高球，感覺真暢快。冰塊滾動的聲音撫平了心靈之後，就迫不及待再來一口熱騰騰的豆腐。

ONDO/SHIGEKI

不同種的辣，帶來不同的世界

嗆辣酪梨三小福拼盤

適合搭配的酒

經典的山葵醬油

山葵中的烯丙基芥子油

「烯丙基芥子油」是山葵的辣味成分來源，可以說是山葵的一大特徵。將酪梨切薄片後再蘸山葵醬，就會有種舌頭被纏上般的綿密口感。

三種均使用½顆酪梨

【材料】
山葵醬…1小匙
醬油…1小匙

酪梨的脂肪含量約20%，所以口感格外絲滑綿密，但也因為太過柔和而不適合配酒。所以這裡研究出三種食譜，藉由鹹味加辣味，使酪梨搖身一變成為下酒菜。

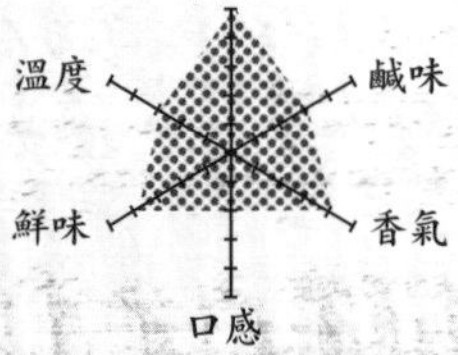

距離可以吃還有 5分鐘

黑胡椒鹽味檸檬

適合搭配的酒

胡椒中的胡椒鹼

胡椒特有的辛香氣味，源自於胡椒鹼。鹽味檸檬和酪梨沒道理不搭，適合搭配氣泡類的酒或是冰涼的白葡萄酒。

蒜鹽辣油

適合搭配的酒

辣椒中的辣椒素

酪梨＋辣油的搭配一點也不會誇張，反而極度美味，幾乎令人上癮，不禁悔恨為何以前沒想到要這樣吃。這滋味很適合搭配不甜的啤酒。

材料

橄欖油⋯2小匙
檸檬汁⋯1小匙
鹽巴⋯¼小匙
黑胡椒⋯½小匙

材料

辣油⋯1小匙
鹽巴⋯¼小匙
蒜頭（磨成泥）⋯少許

酪梨俳句

酪梨綿密得　讓人舌頭打結了　「酪梨」變「糯泥」

LABORATORY

實驗食譜

最好吃？

只是把蔬菜切成條狀，似乎不夠味。所以我們回頭檢視了下酒菜的六大特色——既然口感已經有了，那麼重要的是「溫度」嗎？提出這個假設後，我就在室溫14度C、溼度25%的環境下，針對胡蘿蔔進行實驗，究竟結果會是……？

材料

胡蘿蔔…½條
西洋芹…¼根
甜椒…¼顆

作法

距離可以吃還有 6小時5分鐘

把蔬菜切成1公分×1公分×10公分的條狀，接著在容器中裝水，放進蔬菜。

A
沒冷藏，直接食用
18.3℃

咬下去的第一印象就是「溫的」。不過平常吃的蔬菜棒，大概都是這種感覺。而胡蘿蔔的甜味也很扎實。

蔬菜棒為什麼爽脆呢？因為削皮切開之後，蔬菜就會露出內層，當然也比較容易吸收水分。少了表皮的阻隔且對外面積增加，讓更多冷水進入蔬菜內部，咬起來就會爽脆多汁。

蔬菜棒幾度C

D
冷凍十分鐘
13.3℃

第一印象夠冰涼，但是沒有「透芯涼」。急著上桌的時候可以這麼做，不過要是冰到忘記了的話，可能就徹底凍結了。

C
冷藏一小時
7.8℃

才剛吃完冷藏八小時的胡蘿蔔，會覺得這款口感稍嫌不足。但是冷藏一個小時也夠冰了，不特別比較的話其實也滿好吃的。感受得到胡蘿蔔本身的甘甜。

B
冷藏八小時
2.8℃

太驚豔了，這種脆度根本不像胡蘿蔔了。爽脆多汁，彷彿會有汁水噴出來一樣，冰涼又美味。硬要說缺點的話，就是水分反而多了一些，但是卻有著超越缺點的過癮。

結果

5℃最美味

以上數值使用的是快速冷卻的業務用冰箱，且拿出來後就馬上測量中心溫度，所以得到的數值特別低。因為拿出來後會擺在容器上約五分鐘，所以各提升了2～3℃。經過比較後，本研究所認為口感最棒的是B的溫度。

搭配甜椒

將美乃滋（4大）、乳酪粉（2大）、檸檬汁（1大）、砂糖與沙拉油（各1小）拌在一起。

搭配西洋芹

奶油乳酪（50g）仔細拌過後，加入黑胡椒（½小）、鹽巴（3撮）、蒜頭（磨成泥、少許）後攪拌均勻。

搭配胡蘿蔔

將咖哩粉（½小）、鹽巴（1小）、砂糖（2撮）均勻拌在一起。

下酒菜知識

這三樣蔬菜的維生素A、E比會溶於水的維生素C還要多，所以泡水時損失的營養比較少。

想分享給一億個人吃

紅薑拌胡蘿蔔

紅薑很酸嗎？不，其實紅薑有著扎實的鹹味，很適合配酒。再用胡蘿蔔中和，並以美乃滋引出醇厚感之後，就成了非常下酒的一味。當紅薑的嗆辣刺激還留在口腔時，喝下的酒也會更加甘甜。

距離可以吃還有 5分鐘

材料

胡蘿蔔⋯½條（80g）
紅薑⋯20g
美乃滋⋯1大匙

作法

① 胡蘿蔔削皮後，和紅薑一起切成差不多粗細的細絲後，放進容器裡。

② 將美乃滋與帶有汁液的紅薑拌在一起。約可放置5天。

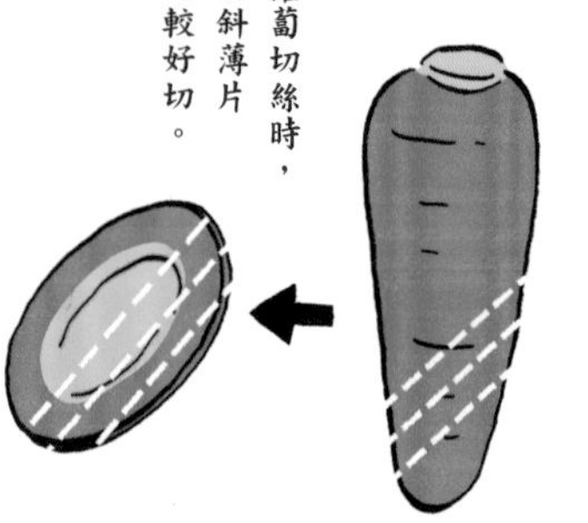

胡蘿蔔切絲時，先切斜薄片會比較好切。

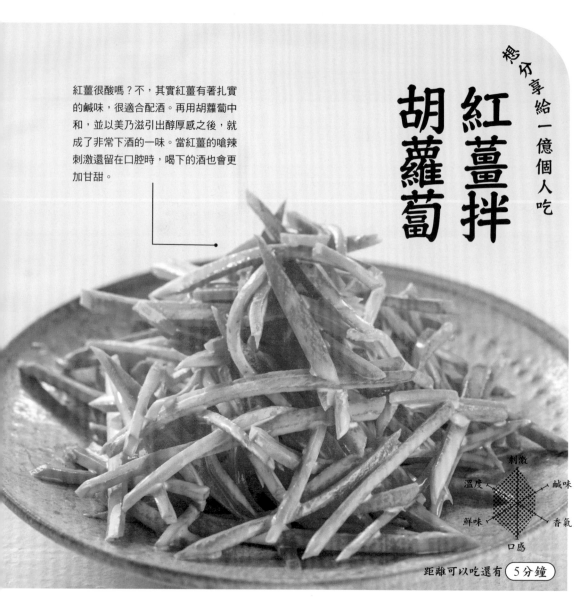

就算什麼都沒有，至少還有這個

山葵醬與黃芥末也下酒

總覺得想換點口味時，就從冰箱拿出市售的軟管山葵醬吧。擠在醬料碟後倒一點醋，用筷尖沾少許後抹在海苔上，接著迅速捲起放進口中。如此一來，芥末特有的嗆辛，就會讓人不禁想來一口酒。

距離可以吃還有 1分鐘

軟管包裝的山葵醬或黃芥末都有加「鹽」，所以等於是有刺激性的「鹹味下酒菜」。

材料

軟管包裝的山葵醬…依喜好

軟管包裝的黃芥末…依喜好

醋…依喜好

海苔…依喜好

作法

1. 把山葵醬與黃芥末擠在醬料碟上，倒一些醋後，抹在海苔上食用。

提到洋蔥絲時，多半會聯想到柴魚片與蛋黃。但實際上有更勝這組合的下酒菜，那就是「鹽昆布辣油洋蔥絲」。洋蔥那令人上癮的辛辣，加上扎實的鹹味，以及華麗的辣油香，非常適合在小酌時的中場休息出場。

完成度比想像中還高的美味

洋蔥絲拌鹽昆布佐辣油

做完後馬上吃，也可以泡軟一點後再吃。總之每次家裡有洋蔥的時候，肯定都會想著「啊，做那道下酒菜吧」，而成了餐桌熟面孔。

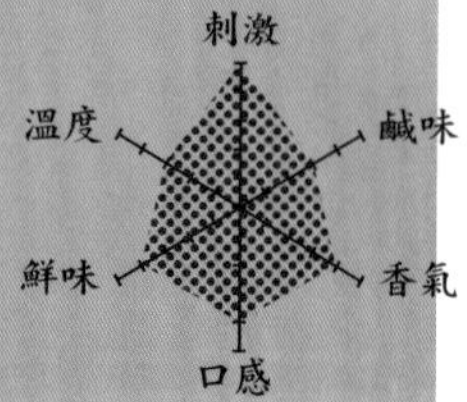

距離可以吃還有 3分鐘

材料

- 洋蔥…½顆（80g）
- 鹽昆布…10g
- 醋…1小匙
- 辣油…10滴

作法

1. 洋蔥切細絲後，放入容器裡快速過水，接著瀝乾。
2. 倒入鹽昆布與醋後，用手邊抓邊拌，最後加入辣油拌勻。

兼具「辣度」與「輕爽」的下酒菜

韓式涼拌大蔥

主張「下酒菜就是要夠鹹」的人，這邊向您推薦這道簡單的小菜。無論是用海苔包，還是搭配卡門貝爾乳酪、香煎鹹豬肉都很好吃。但是卻保有適合大人深夜小酌的「輕爽」，因為芝麻盡責地完成了分內工作。

距離可以吃還有 3分鐘

材料

- 大蔥…½根（50g）
- 麻油…1小匙
- 醬油…1小匙
- 醋…少許
- 磨過的芝麻…1小匙

作法

① 大蔥切斜薄片後，放入容器裡快速過水，然後瀝乾。

② 加入麻油後，用手抓醃，接著依序拌入醬油與醋。最後在撒上芝麻。

用「鹹豬肉」的感覺去料理

靜置隔夜的關東煮白蘿蔔

製作這道白蘿蔔下酒菜時，就想像成做鹹豬肉的感覺，將其當作「蔬菜中的肉塊」料理。因為已經加熱與調味過了，所以也可以適度變換口味，例如：搭配奶油煎成白蘿蔔排等。

第一次試做這道下酒菜時是初秋，後來到了一月才再度試做，結果風味就完全不同了。不僅口感變軟，滋潤度與融於口中的感受也截然不同。所以建議趁十二至二月之間，用「吃完整年白蘿蔔額度」的感覺大做特做。

材料 易於製作的量

白蘿蔔……½條（500g）

A
- 醬油……1又½大匙
- 味醂……1大匙
- 水……1杯
- 柴魚片……1包

作法

1. 白蘿蔔削皮後，切成2公分厚的半月狀。
2. 擺在耐熱盤上，鬆鬆地覆蓋微波專用保鮮膜後，放進微波爐加熱15分鐘。取出後靜置20分鐘稍微冷卻，最後擺進保鮮容器中。
3. 將A倒入小鍋中，開中火。接著邊攪拌邊煮到滾，沸騰2分鐘後，用篩子或是濾茶器過濾高湯，淋在白蘿蔔上。淋完後把白蘿蔔翻面，靜置至冷卻為止。
4. 冷藏一晚，要吃之前再加熱。約可保存7天。

特別搭配的酒

可以這樣搭配

↓蘿蔔上放一塊奶油。

↓調一杯高球。

白蘿蔔入味的方法

沙漠

首先用微波爐加熱以去除白蘿蔔水分。冷卻時，白蘿蔔的表面也會越來越乾。沒錯，現在的白蘿蔔就猶如是沙漠。用微波爐加熱的話，白蘿蔔就不會泡在水裡，鮮味也不容易流失，吃起來更甘甜。

綠洲

將熱騰騰的醬汁淋在表面乾燥的白蘿蔔上時，白蘿蔔會不斷吸收水分。接著將「有水可喝」的白蘿蔔靜置一晚，滋味就會徹底滲透至中心。如此一來，每一口都能夠嘗到湯汁飽滿的「高湯勝利組」白蘿蔔。

聽說便利商店的關東煮白蘿蔔也沒有煮過。
畢竟那些白蘿蔔的邊角都沒處理掉、很尖吧？
白蘿蔔一經熬煮，無論怎麼做都會散掉變形。
所以運用「醃漬」的方式才能夠兼顧入味與美觀。

怕燙的人請注意！熱騰騰辣味一口煎餃

啊啊啊～在家也想吃一口煎餃！啊……才浮現這樣的想法後，馬上放棄準備餃子皮，改買又小又薄的餛飩皮，如此一來就可以包出小巧的餃子了。

不是「咬」而是「一口塞進嘴裡」，所以口腔能夠直接感受到熱度。

辣味其實做在蘸醬——加醋的辣油上。因為餡料本身就夠味，所以醬料不必再增添鹽分。喜歡吃辣的人，可以把辣油直接加在餡料裡，這樣就更辣了。

距離可以吃還有30分鐘

特別搭的酒

可以這樣搭配
↓只要夠冰涼就很搭。

材料

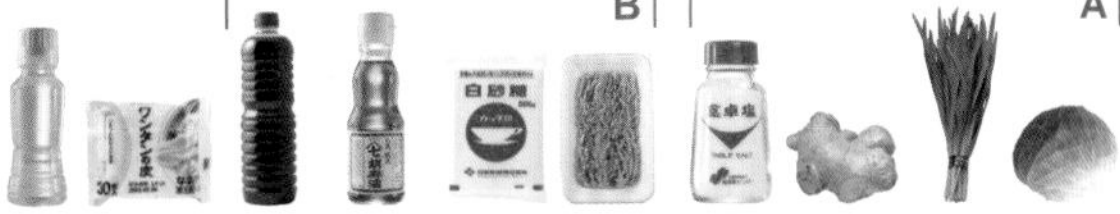

A
- 高麗菜…約2片（70g）
- 韭菜…⅓把（30g）
- 薑（磨成泥）…½片
- 鹽巴…1小撮

B
- 豬絞肉…100g
- 砂糖…1大匙
- 麻油…2小匙
- 醬油…2小匙

- 餛飩皮…1包（24張）
- 沙拉油…適量

把薑切成5公釐厚，用保鮮膜包起來冷凍，取出時就比較好磨成泥。

① 高麗菜切碎，韭菜切成2公釐長。

② 將A倒入容器，仔細攪拌1分鐘。倒入B後用指尖邊揉邊拌約1分鐘。

③ 擺入偏小的調理盤後，切割成24等分。

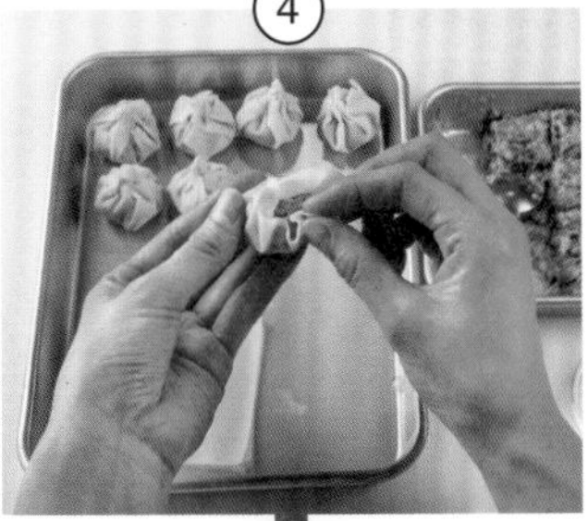

④ 將餡料擺在餛飩皮上，皮的邊緣用水沾溼，再朝著其中一角捏出折線。

⑤ 把油倒入平底鍋（20公分）後用中火熱鍋，並取8～10顆擺上，在沒有互相碰到的情況下煎2分鐘左右。接著倒水（⅓杯）。

⑥ 蓋上鍋蓋燜5分鐘。掀蓋後靜置1～2分鐘，等底部確實煎出焦色後就完成。

怕燙時常有的事
總是不肯承認自己怕燙，每次都覺得「這次一定可以」，然後就燙到了。

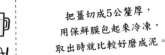

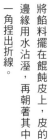

大腸鍋風豬五花捲

即使沒有大腸，也能做出辛辣濃稠的滋味

大腸鍋有四大要件：①蒜頭、②味噌、③辣椒、④豬油。也就是說，只要具備這四大元素，就算少了大腸也能打造出「大腸鍋的味道」。那種彷彿吃了就會精力充沛的風味、甜味、濃醇與辣味，肯定會讓累得躲起來的精神再度甦醒。

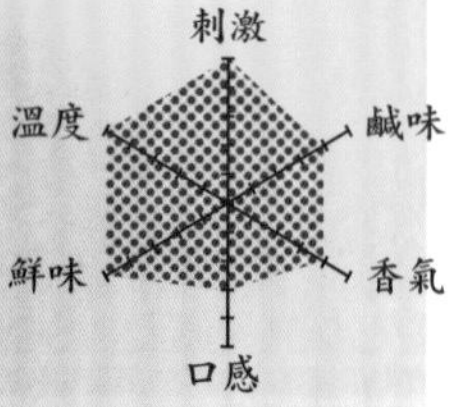

距離可以吃還有 15分鐘

材料

- 豬五花肉（薄片）⋯7～8片（200g）
- 蒜頭（切薄片）⋯2片
- 綠豆芽⋯1包（200g）
- 韭菜⋯½把（50g）
- A
  - 水⋯1又½杯
  - 味噌⋯3大匙
  - 味醂⋯1大匙
  - 辣椒（切丁）⋯2條

作法

1. 每一片豬肉都從邊緣捲起。韭菜切成5公分長。
2. 將豬肉、蒜頭、綠豆芽放入鍋（20公分）中，接著倒入拌好的A。
3. 蓋上鍋蓋後開中火，沸騰之後倒入韭菜，並以小火煮3分鐘。

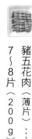

失去鹹味的培根會拿出真本事

培根萵苣涮涮鍋

培根沒有了鹹味後，就只是「好吃的肉」而已。肉中釋出的精華，成就不同凡響的高湯，讓鍋中萵苣立刻變成下酒菜。

材料

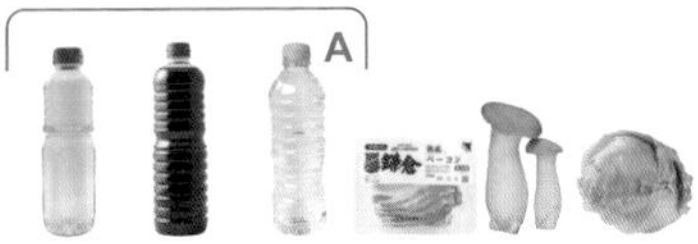

萵苣…½顆（100g）
杏鮑菇…1根
培根（半片）…20片

A
水…3杯
醬油…3大匙
味醂…3大匙

作法

1. 剝掉一片片萵苣葉片，縱向切對半。杏鮑菇切成5公釐厚的薄片。
2. 將A倒入鍋（20公分）中，開起中火煮滾。
3. 將培根與蔬菜倒入鍋中，就可以邊煮邊吃了。

請將黃芥末、
黑胡椒與檸檬汁
拌在一起當作蘸醬喔。

硬要在家享受露營風

熱騰騰焗烤魚罐頭

鮪魚、沙丁魚、鯖魚，舉凡想得到的魚罐頭，都是用青背魚製成的。今天如果不想吃肉也不想吃生魚片，就利用罐頭輕鬆攝取魚肉吧。

熱騰騰的油漬沙丁魚

材料

- 油漬沙丁魚……1罐
- 檸檬（切成三角形薄片）……4片
- 醬油……1小匙
- 乳酪絲……20g

作法

先倒掉一些罐頭湯汁，再將魚肉與調味料拌在一起，灑上乳酪絲。加熱時無論是用烤箱或烤網，都要烤5～8分鐘。當然也可以直接用瓦斯爐進行。但是取出時請用調理夾或隔熱手套，小心地將罐頭擺在盤子上。

特別搭的酒

熱騰騰的鯖魚番茄

【材料】

水煮鯖魚罐頭…1罐
小番茄（切薄片）…3顆
醬油…1小匙
乳酪絲…20g

熱騰騰的蒜頭鮪魚

【材料】

油漬鮪魚罐頭…1罐
蝦夷蔥（切蔥花）…2根
市售軟管蒜泥…½小匙
乳酪絲…20g

雖然最近比較少見，但是如果罐頭外面有貼紙，請務必先撕下來，否則會燒起來喔！

有句話叫做「滾動式儲備」，意思是準備偏多的食材以備災難時所需，同時也要在日常生活中適度用掉並補足。這幾道下酒菜，就可以結合滾動式儲備的概念，不是嗎？讓存糧變成超美味的下酒菜。

鐵郎的自言自語
看著罐頭的有效期限，會忍不住思考：「世界真的能夠運行到這一天嗎？」

即使不是產季，也能吃到現採般的熟成滋味

番茄冷盤佐鹽味山葵醬

材料

番茄……1顆（150g）

鹽巴……⅙小匙

砂糖……2小撮

山葵醬……1小匙

作法

① 番茄切成6～8等分的半月狀。

② 將番茄鋪在盤子上並撒鹽巴與砂糖，接著冷藏20分鐘。完成後再擠點山葵醬。

番茄冷盤是居酒屋的經典菜色，但那並非下酒菜，而是中場休息的清口菜。畢竟這種帶有酸味的食物，本來就不適合配酒。不過其實只要多一個步驟，就能讓番茄也下酒。

關鍵在於「砂糖與鹽巴」。鹹味與甜味能夠抑制酸味，再擠上偏多的山葵醬，就能夠增添銳利的刺激性。事實上「砂糖與鹽巴」能夠放大番茄麩胺酸帶來的鮮味，嘗起來就像剛採收的熟成番茄。帶有野性的風味與香氣，能使番茄成為最佳下酒菜。

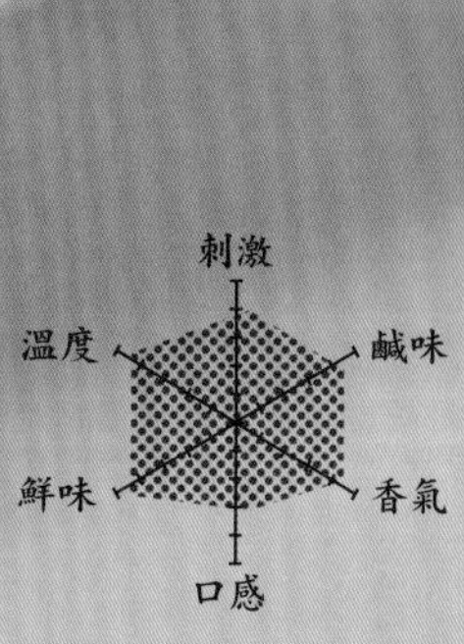

距離可以吃還有 25分鐘

番茄不適合配酒？誰說的？

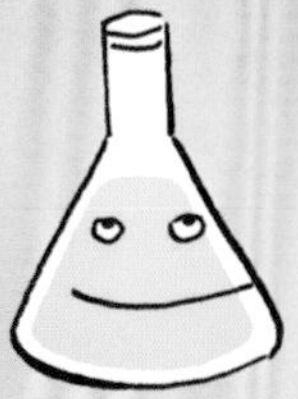

材料

- 番茄⋯⋯1顆（150g）
- 乳酪粉⋯⋯1大匙
- 橄欖油⋯⋯2小匙
- 鹽巴⋯⋯少許
- 胡椒⋯⋯少許

作法

1. 番茄橫向切半，接著將乳酪粉撒在切面上。
2. 將橄欖油倒進平底鍋（20公分）以中火熱鍋，然後將番茄的切面朝下煎2～3分鐘。
3. 乳酪變色後，就翻面再煎30秒左右後取出。最後撒上鹽巴與胡椒。

番茄加熱後酸味會減低，進而襯出甜味。再加上乳酪偏高的脂肪量、香氣與鹹味，簡直就像是可以咬的番茄糊。

香煎乳酪番茄

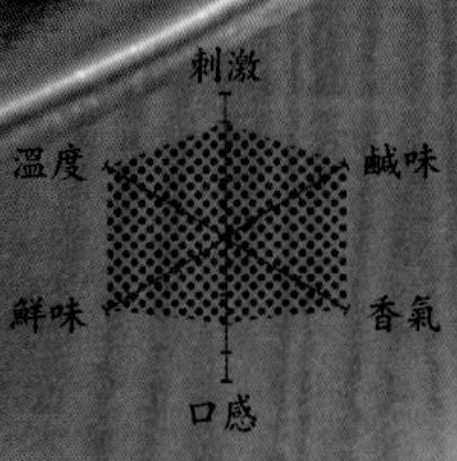

距離可以吃還有 8分鐘

ABORA ORY

實驗食譜

才不會膩呢？

店裡來了個辣妹客人，表示：「炙燒鰹魚吃到一半就會膩了，對吧～」

原來如此，想化解這股「膩」就必須仰賴「刺激性」。

因此我邊聽著辣妹們聊天，邊調整了炙燒鰹魚的滋味。

第一片

咦？端出了什麼呢？是炙燒鰹魚嗎？這是招待的嗎？那我就不客氣囉。好好吃喔！雖然我已經很久沒吃鰹魚了，但是這真的好好吃，說不定是我離開老家後吃到最好吃的！

第1種調味

醬油（2小）
薑（磨成泥、½片）
青紫蘇

第二片

嗯，超好吃！這是薑的香味嗎？好適合搭配燒酌喔。呼～但是總覺得已經夠了。咦？還有四片嗎？？？

第三片

咦，果然，店長幫我換口味了。這次是什麼風味呢？咦，等一下，好好吃喔。人家超級喜歡麻油的，啊～想喝啤酒了，不好意思，麻煩來杯啤酒！

第四片

哈啊～啤酒真好喝～話說這是芽菜嗎？辣辣的我很喜歡，其實我超愛吃辣的說。咦？還有一片嗎？嗯……其實我差不多想吃唐揚雞了耶？

第2種調味

醬油（2小）
麻油（½小）
蒜頭（磨成泥、¼片）
芽菜

data

特別搭的酒

可以這樣搭配

⬇鰹魚的鐵鏽味會變明顯，所以要避免選擇甘口的。

炙燒鰹魚要怎麼吃

結果

每兩片就要換口味

雖然我們很仔細地每兩片就換一次口味，但各位執行時未必要這麼講究喔。

第五片

真的假的，店長又幫我換口味了？根本是神吧？……好好吃！咦，等一下，這是什麼？美乃滋嗎？醬油美乃滋嗎？竟然想得到鰹魚搭配醬油美乃滋，根本是天才吧？

第3種調味

美乃滋（1大）
醬油（½小）
蒜頭（磨成泥、¼片）
洋蔥絲

第六片

呼啊～好飽，結果我全吃光了。嫌膩難道是我太任性了？但是，這裡的炙燒鰹魚真的太好吃了啦。美味的衝擊力強烈，根本來不及說膩。咦？什麼？美和是高知來的嗎？早說嘛！我最喜歡鰹魚了！鰹魚LOVE！鰹魚Forever！Yeah！！

辣妹常有的事
用輕浮的語氣說著真理。

義式生鯛魚片

「冷凍二十分鐘」做出溫度的差異

材料

- 生魚片用的鯛魚（未切）……150g
- 紫洋蔥（切成5公釐寬的丁）……⅙顆
- 小番茄（縱橫都切半）……3顆
- 綜合堅果（敲碎）……適量
- A 鹽巴……¼小匙
- A 橄欖油……1大匙
- A 胡椒……少許

作法

1. 用保鮮膜包妥鯛魚，放進冰箱冷凍20分鐘。
2. 取出後切成5公釐以下的薄片後擺盤。接著撒上鹽巴並冷藏。
3. 撒上蔬菜、堅果後，依序淋上A。

鯛魚肉塊乍看很難切，其實先冷凍後，肉質就會變得緊實好切。只要將較厚的部分朝外，落刀先從從刀根劃進肉裡，就能夠切出薄薄的肉片。擺盤時將較寬的一側朝外，用畫圓的方式擺就會很有賣相。

魚肉放進口中時，體溫會融化冰涼的脂肪，使鮮味擴散開來。

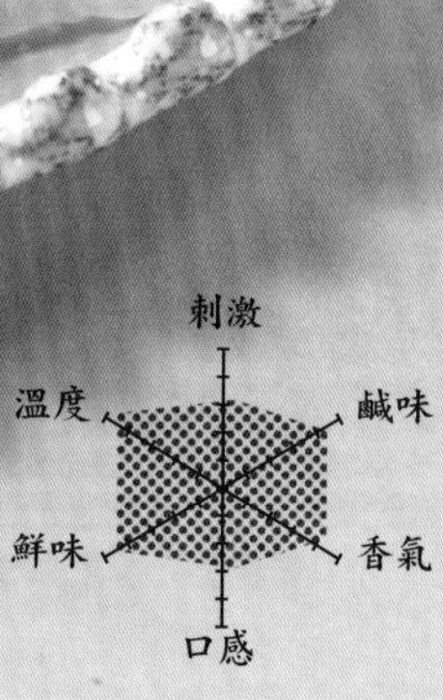

距離可以吃還有 25分鐘

泡菜豬肉煎餅

材料

- 豬五花肉（薄片）⋯50g
- 韭菜⋯⅓把（30g）
- 韓式大白菜泡菜⋯100g
- A
  - 雞蛋⋯1顆
  - 太白粉⋯5大匙
  - 麻油⋯1小匙
  - 沙拉油⋯2大匙

作法

① 將A依序倒入容器中攪拌均勻。

② 豬肉切成2公釐寬、韭菜則切成2公釐的段、泡菜切粗丁，接著與①拌在一起。

③ 油倒入平底鍋（26公分）後，開中火熱鍋，然後倒入麵糊鋪平。

④ 煎3～4分鐘直到出現焦色，翻面後煎3～4分鐘。

把醋、醬油與辣油拌成醬汁，很適合這道下酒菜。

泡菜直接吃就很好吃了，但是和豬五花肉、韭菜一起煎得酥脆後，就會好吃一百倍。太白粉具有與水分離的特性，所以能輕易形成外酥內軟的口感。

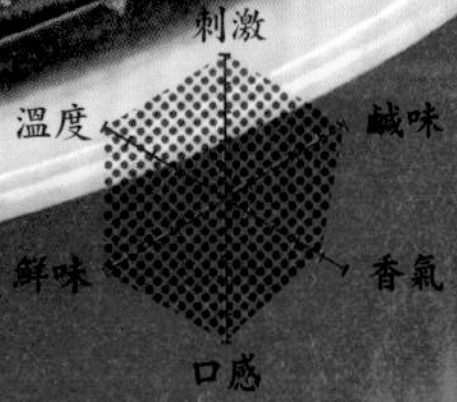

距離可以吃還有 15分鐘

是誰給你採買的勇氣？烏賊整隻下去燒 奶油口味的

美味日報

20XX年
10月10日

發行
下酒菜研究所

烏賊風箏飛呀飛

老是在
新年的天空
隨風飄揚

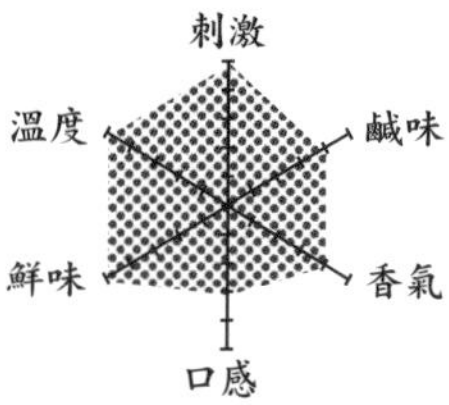

距離可以吃還有（15分鐘）

今天的烏賊料理

【材料】

槍烏賊……1隻（200～250g）
醬油……1小匙
奶油……10g

槍烏賊，又名透抽或鎖管，身體呈現細長筒狀。

【作法】

① 鋁箔紙上塗抹沙拉油。將烏賊洗淨後擦乾，再以鋁箔紙包起來。
② 放進平底鍋（26公分）蓋鍋蓋，開大火煎5分鐘，再用小火煎7～8分鐘。
③ 取出後淋上醬油與奶油，要吃的時候再切開即可。

【讀者來函】

烏賊，並不恐怖！

（退休約聘人員 61歲）

超市會賣整隻的烏賊。烏賊前有個呆站很久的男人，那個人就是我。

我想吃烏賊，但是不會處理。曾經有人告訴我：「整隻拿去煎就可以了。」所以我就狠下心買了。

然後我才發現烏賊不用處理，整隻都可以食用。不能吃的只有嘴巴跟軟骨而已，但是只要像挑魚刺一樣邊吃邊挑掉就好了。連漆黑的墨囊也是蛋白質，煎熟就凝固了，一樣好吃。最重要的是整隻一起煎的話，會形成軟Q的醇厚肉質。而且吃的時候用調理剪刀剪開的話，就不用洗那麼多東西了。

下酒菜的一大特色是「刺激性」，這裡刺激到的不只是「舌頭」，連「大腦」的刺激也包含在內。因此儘管第一次處理整隻烏賊會覺得「可怕」「麻煩」，但是一旦克服心理障礙後，這些情緒就會變得新鮮有趣，正是所謂「刺激性」娛樂。

烏賊諮詢室

「我一個人吃不完。」

烏賊飯！

切丁之後拌在剛煮好的飯裡，鮮味就會滲入米粒，變得非常美味。

蘸美乃滋！

烏賊腳蘸美乃滋，就成了另一道下酒菜。另外，也可以試試看黃芥末。

烏賊常有的事

看到烏賊（Ika）就不禁想要玩雙關語，這真是無解（Ikan）。

SHIGEKI

鐵郎親手做做看

十二月四日

今天有點冷，真不愧是十二月。上班時同事藤田還很高興說：「唔～好冷啊，今晚我們家準備吃關東煮喔。」藤田兩個兒子好像還在讀小學。我們家在奈奈美和瑞希還在上小學時，文子也會拿大土鍋出來煮關東煮。兩個孩子總是搶食白蘿蔔，讓文子忍不住笑道：「我從昨天就開始準備，結果一下子就掃光了！」那個土鍋不曉得放到哪去了？

十二月五日

回程時去了趟超市，發現白蘿蔔在特價，於是就鼓起勇氣買了一條。果然還是好大條啊，袋子重得不得了。我原本打算拿土鍋煮，但就是找不到，於是採用店長教的方法煮。結果作法實在太簡單，感覺還可以再做點什麼，就稍微煮熟竹輪一起泡入味。雖然沒用到土鍋，但還是很期待明天。總覺得等待竹輪入味的時間，就跟遠足的前一天一樣興奮呢。

十二月六日

哎呀，我一直以來都太小看微波爐了。沒想到可以讓白蘿蔔這麼入味，還是有點硬，但用筷子就可以輕易切開，甜鹹滋味恰到好處，很適合搭配大量的黃芥末吃。我試著淋上麻油後，味道立刻變得醇厚美味。最後再淋上辣油，一下子就吃掉一大半了。

ONDO

十二月八日

藤田的二兒子很愛撒嬌，似乎令他很傷腦筋。「雖然我告訴他明年就要升上二年級了，但是他還是很愛鑽進我的被子裡。」藤田有點皺起眉頭地說，眼睛裡卻充滿笑意。這讓我想起奈奈美小學時，對她說出「今天開始要自己睡」的那一天。回家路上又去了趟超市，買了炙燒鰹魚。雖然好吃，但是自己一個人吃，很快就膩了。我想起之前店裡那個女孩說的話，不禁非常認同。那才不是什麼任性，畢竟每一天都要充實地過啊。

十二月九日

今天還是好冷。

對了，這種日子就要喝溫酒。這念頭一浮現，我馬上去找德利與豬口*，上次是什麼時候用的呢？過年時小王來訪的時候嗎？當時真的很熱鬧呢……我邊想邊翻櫥櫃時，竟然找到了土鍋。原來放在這裡啊！我想把土鍋拿出來，但是實在太重了，腰差點閃到。而存放德利與豬口的箱子，就放在土鍋後面。我帶著德利與豬口回到廚房，把剩下的白蘿蔔和奶油一起拿去煎，做成了香煎白蘿蔔排。途中還實驗了不同的吃法，像是撒七味粉，或是擺上剁碎的梅干等，結果轉眼就吃光了。這時再將變冷的清酒倒入豬口。我凝視著酒液上的倒影，思考著原來吃完一條白蘿蔔並不難。

*德利是溫酒壺，豬口則是清酒杯。

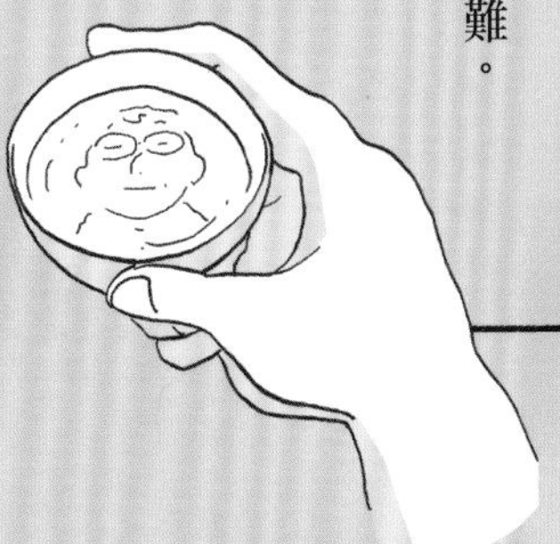

收尾下酒菜

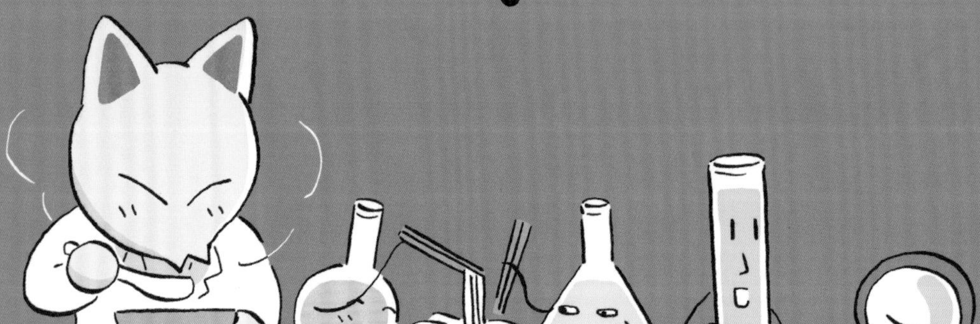

想吃碳水化合物，同時又想喝杯高球

焦香醬烤飯糰

材料

白飯…200g

A
醬油…1大匙
柴魚片…½包

沙拉油…少許

作法

① 將A倒入溫熱的白飯稍微攪拌，接著分成兩半，捏成飯糰。

② 在平底鍋（20公分）上倒一層薄薄的油，再擺上①用中火煎5分鐘，翻面後煎5分鐘。

③ 接著反覆翻面直到整體出現焦色。

飯糰的香氣和威士忌很搭，表面散發出仙貝般的酥脆焦香，其中還混有柴魚片的燻香與鮮味。想要進一步加強嗆辣時，還可以抹一點山葵醬。認為「烤飯糰必須先冷凍」的人請務必嘗試。

距離可以吃還有 15分鐘

SHIME

烏龍麵三變化

軟爛口感也可以透過微波爐變出嚼勁

萬用作法

① 將冷凍烏龍麵放進耐熱盤後，撒上A。

② 鬆鬆地覆蓋微波專用保鮮膜後，加熱5分鐘。

③ 整體拌勻後，添加B後攪拌。

材料

冷凍烏龍麵⋯1球

A 明太子⋯½塊（30g）
醬油⋯2小匙
奶油⋯10g

B 青紫蘇（手撕）⋯3片

明太子奶油烏龍麵

不直接將明太子與麵拌在一起，而是以保有一定大小的塊狀加熱，就能掌握「下酒」的訣竅。Q彈口感的背後，藏有海洋的鹹味。越嚼越能感受到奶油香氣。

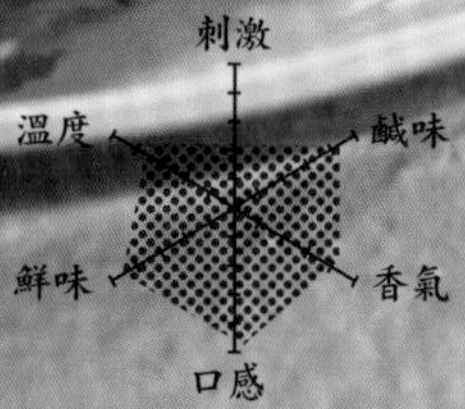

海苔水煮蛋烏龍麵

乍看都是常用的調味料，卻好吃的不可思議。關鍵就在砂糖，砂糖帶來了蠔油般的濃郁滋味。這碗大量散發出海苔鮮味的烏龍麵，擁有偏強的濃醇感。

｜材料｜

冷凍烏龍麵…1球
A 醬油…2小匙
｜砂糖、麻油…各1小匙
B 海苔（撕碎）…2片全形
｜溫泉蛋…1顆

鹽昆布檸檬烏龍麵

家裡有檸檬就一定要做一碗。極富嚼勁與彈性的麵條，與橄欖油交織出獨一無二的美味。鹽昆布成功將這道烏龍麵轉化成下酒菜。

｜材料｜

冷凍烏龍麵…1球
A 鹽昆布…10g
｜橄欖油…1大匙
B 芽菜…10g
｜檸檬…依喜好

狐狸碎碎唸
狸貓是競爭對手。

使用第七十七頁煮完雞翅的水

蛋花雞湯雜炊

暖胃暖心的下酒菜。配著香酥雞翅、喝了酒之後，就來碗雜炊收尾吧。高湯有著雞骨頭融出的鮮甜，足以填補心靈某個空虛感呢。

距離可以吃還有 30分鐘

材料

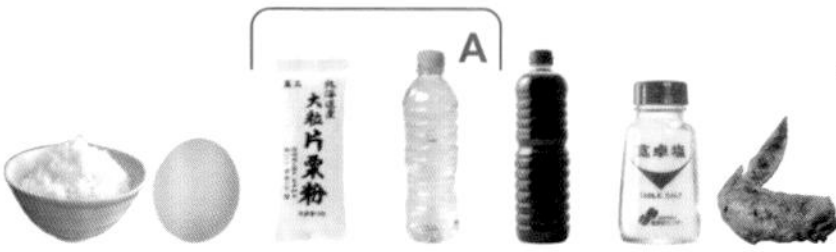

- 77頁的水……3又½杯
- 鹽巴……½小匙
- 醬油……少許
- A
  - 水……2大匙
  - 太白粉……1大匙
- 雞蛋……1顆
- 白飯……100g

作法

1. 將雞翅水倒入小鍋中，開啟中火加熱。沸騰後加入鹽巴與胡椒。
2. 將A拌勻後，以繞圈的方式倒入，稍煮片刻。接著將蛋打散，同樣以繞圈的方式慢慢倒入。
3. 加進白飯後簡單攪拌。接著盛盤，視口味加薑（磨成泥）、芽菜。

從沒吃過這種東西

生火腿乳酪茶泡飯

生火腿的鹹香滋味、青海苔粉的深沉風味、橄欖油的清爽香氣……總覺得很像什麼——啊，是牡蠣。這是一碗猶如凝聚了海洋鮮味的燉飯風泡飯。別猶豫了，勇敢來一口。

距離可以吃還有 3分鐘

材料

- 生火腿…1片（12g）
- 白飯…80g
- A
  - 橄欖油…1小匙
  - 乳酪粉…2小匙
  - 青海苔粉…1小匙

作法

① 生火腿切細後，擺在白飯上方，依序倒入A。

② 倒入熱水（½杯），攪拌後就可以享用。

鐵郎的自言自語

這實在太好吃，所以我午餐又吃了一次。在養肝日喝無酒精啤酒後，再來一碗茶泡飯收尾，會讓大腦以為已經喝過了。看來青海苔粉應該可以在過期前用完了。

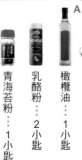

SHIME

邊做實驗時就嗑了三碗

麵線研究所

本研究所最後一組實驗就是麵線。一般蘸著麵味露吃就是一道夏日午餐，這麵線該怎麼做成下酒菜呢？先把廚房調味料擺在餐桌上吧，倒入醬油、蔥、麻油，攪拌之後試一下味道。「啊，我喜歡這個！」記住那味道，把那滿足當成另一道下酒菜，再多喝一杯吧。

材料

麵線……1～2束

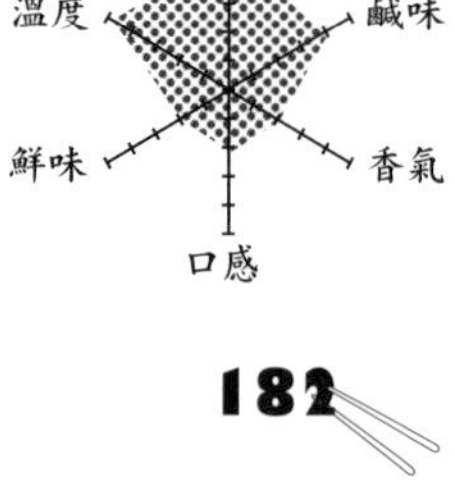

麵線請按照包裝標示煮熟。
右邊的照片使用了兩束，
左邊的食譜僅使用⅓束。

第一碗

滑過喉嚨的冰涼

山葵醬……1小匙
醬油……1小匙
柴魚片……適量

麵線真好吃，不用搭配麵味露也可以一直吃下去。正悠哉的時候，鼻子就被山葵醬嗆了一下。但是滑過喉嚨冰冰涼涼的，真舒服。

第二碗

民族風的酸甜滋味

砂糖……1小匙
磨過的芝麻……1小匙
醋……1小匙
鹽巴……3撮
辣油……少許
軟管薑泥……少許

嗯，偏重的酸甜味。醋少一點應該會比較合口味。我平常絕對不會調配出這樣衝擊的口味，所以好像在做實驗喔。

第三碗

還可以再吃三碗

醬油……1小匙
麻油……1小匙
黑胡椒……少許
蝦夷蔥（切蔥花）……2根

麻油醇香，搭配了蝦夷蔥與黑胡椒的香氣。這宜人的味道，就算飽了，還是會忍不住繼續吃，好危險吶。

咚咚
喀
喀
咕嚕

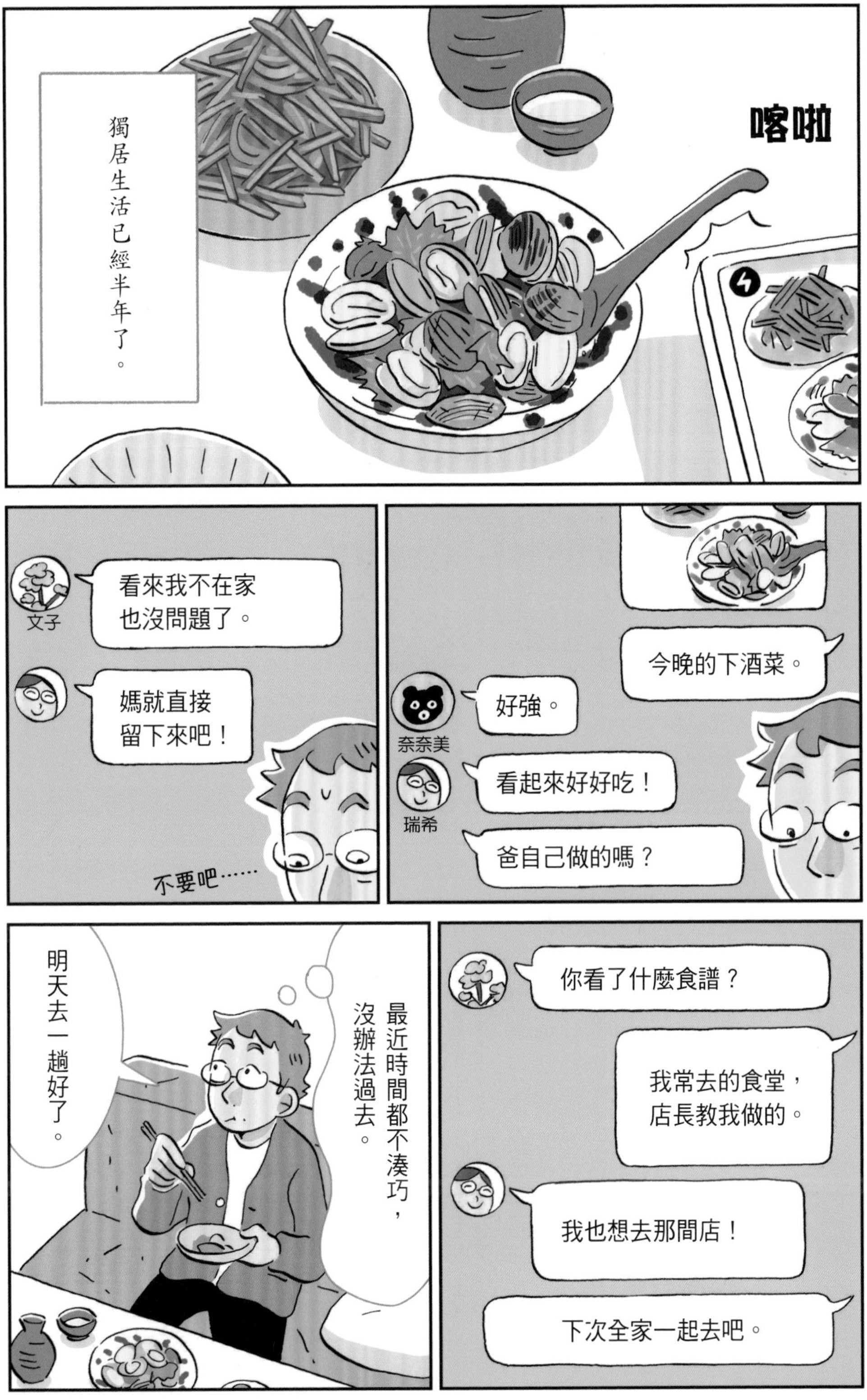
獨居生活已經半年了。
喀啦
今晚的下酒菜。
奈奈美
好強。
瑞希
看起來好好吃！
爸自己做的嗎？
文子
看來我不在家也沒問題了。
媽就直接留下來吧！
不要吧……
你看了什麼食譜？
我常去的食堂，店長教我做的。
我也想去那間店！
下次全家一起去吧。
最近時間都不湊巧，沒辦法過去。
明天去一趟好了。

有事，暫時停業
狐狸居酒屋
狐狸
不會吧……
嗍啊
發生了什麼事呢……？
店長沒事吧？
冒煙
想再多也沒用吧。
冒煙
啊～！

香煎韭菜滑蛋應該要半熟。
不小心把香煎韭菜滑蛋煎得硬梆梆的了。
大失敗……
下酒菜才沒有什麼失敗不失敗的！
下酒菜就是種娛樂，就算失敗了也是一種滋味。
無論是做菜還是品嘗，都要開心才行。
說的也是。
我開動了。
嗯，焦得剛剛好！
超市

晚上喝酒要配什麼呢……
昨天吃了肉，今天吃清淡一點好了……
喔~白花椰在特價耶。
甜椒
258
啊！
鐵郎先生！好久不見。
白花椰真便宜啊。
好久不見……
啊~抱歉抱歉，因為我們老闆突然又說要研發新品，還要開新的店~
所以我一直在幫忙。
對了，你們店，
為什麼公休啊？

開店?!
啊，我接電話。抱歉。
喂。
十種吐司？
這時間哪買得到！
還要五公斤的米、五瓶牛奶、雞蛋和培根?!
我怎麼拿得回去啊！
老闆提了一堆亂七八糟的要求～抱歉！我先走了。
不會，見到你真開心。
先走囉！
OAGE
變身！
啊！
店長～
我很期待新店喔～！
1個月後—
近期開張!!
歡迎捧場～
到底是什麼店……？
專賣蛋料理嗎？
END.

下酒菜沒有失敗的問題，但是——

做得不好吃？

請重新審視這四個重點

①計量對嗎？

少許＝約⅛匙
用大拇指、食指捏起的量。

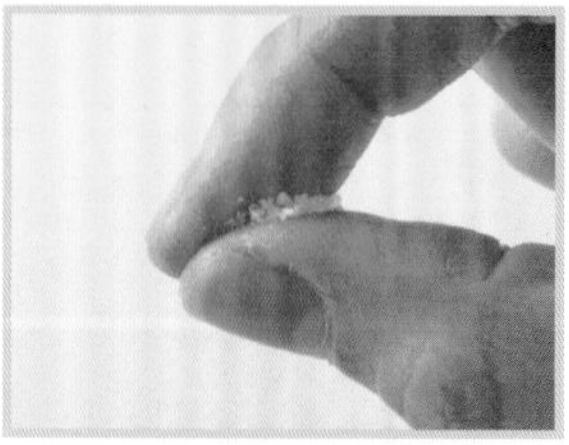

1小撮＝約¼匙
用大拇指、中指、食指一起捏起的量。

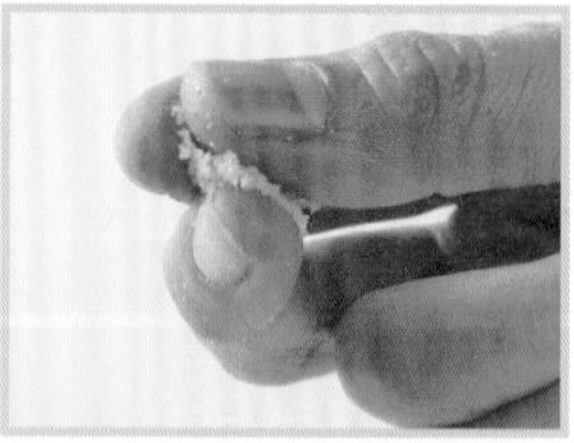

½大匙
乍看會懷疑這比半匙還多，但其實½大匙的量就是這樣。

1大匙
醬油等液體有表面張力，所以稍微往上隆起的滿匙狀態稱為1大匙，鹽巴等粉末則要抹平。

100g大概是這樣

小黃瓜1根

洋蔥½顆

茄子1根

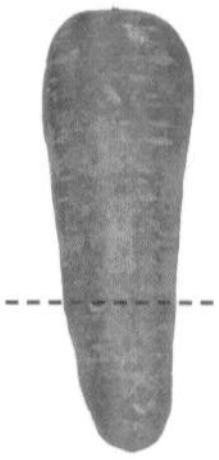
胡蘿蔔⅔根

韭菜1把

生薑一個（10g）

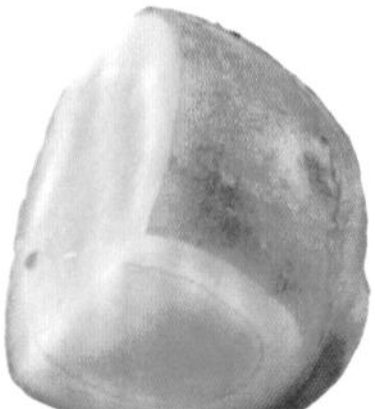

實體大小

請參考P.161也可以冷凍喔。

青花菜½顆

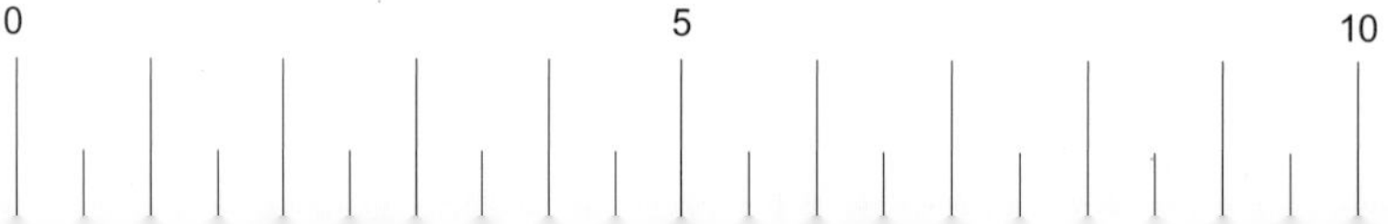

參考尺標

②火候是否正確？

小火

中火

大火

＊食譜中常說的「用中火加熱」時間為1～2分鐘，「用中大火」則是因為食材放進去後會降溫，所以要把火開大一點，並不是直接開到最大。

③調理用具是否適合？

平底鍋等鍋具的大小，雖然只有幾公分的差異，卻會對成品造成很大的影響。所以請盡量按照食譜要求的尺寸選擇鍋具。

平底鍋26公分
平底鍋20公分
比較小，加熱比較快

④切法是否正確？

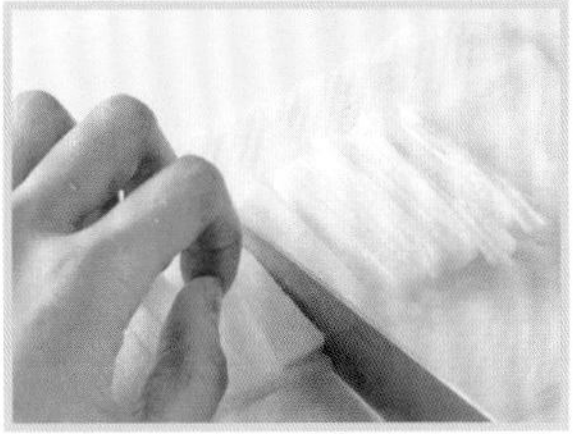

切絲
切成細絲。

切成半月狀
將球體食材切成放射狀，形狀就像半圓形的月亮。

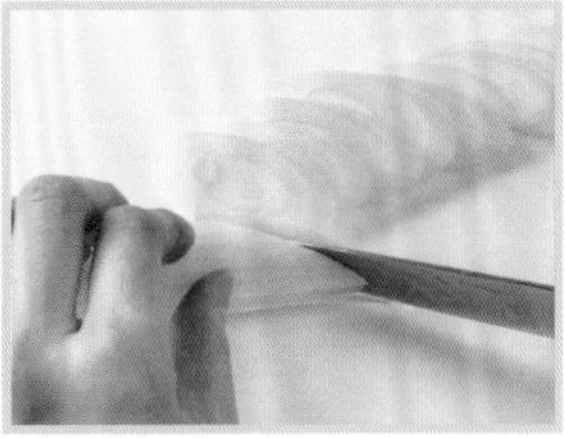

切成薄片
厚度統一為1～2公釐的薄片。

補充一下，
酪梨先切成1/4後會比較好剝皮。

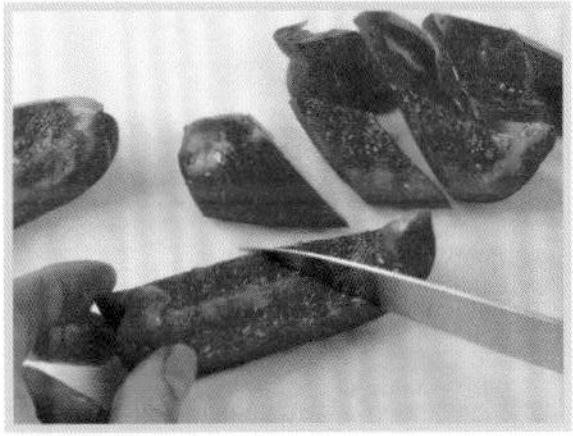

滾刀塊
切的時候不斷轉換食材方向，切成不規則塊狀，這樣切面比較大。

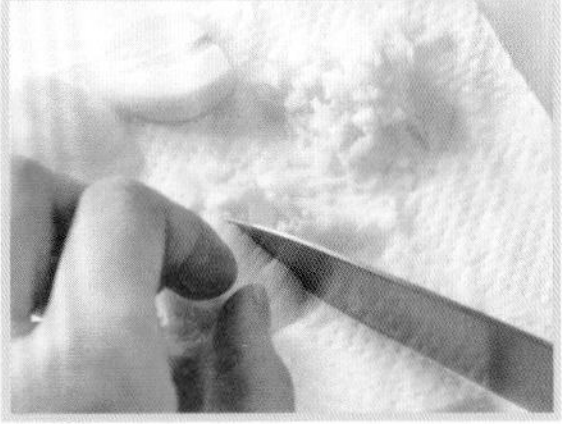

切碎（末）
切到單邊小於3公釐的細碎形狀。注意不要切到手。

主要食材索引

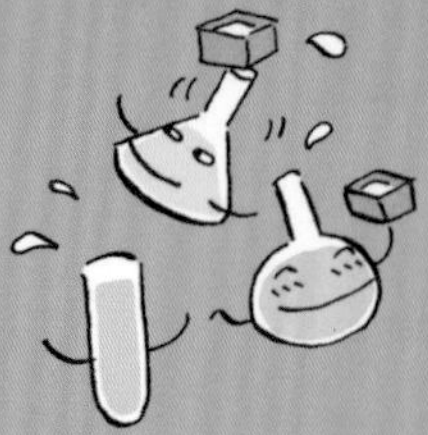

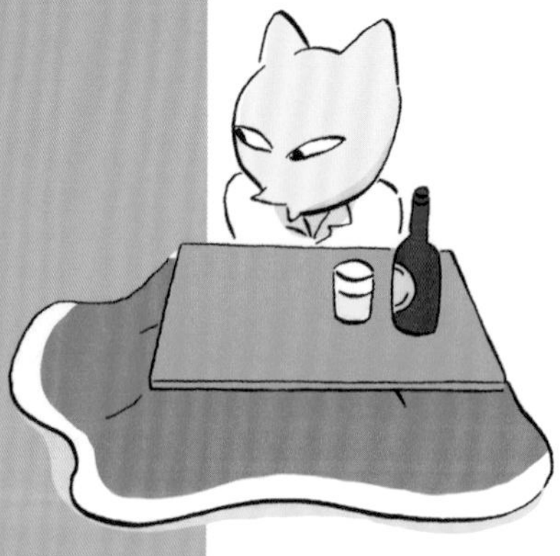

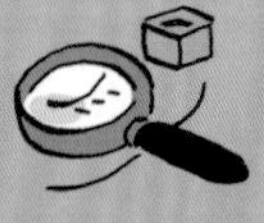

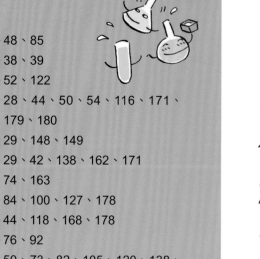

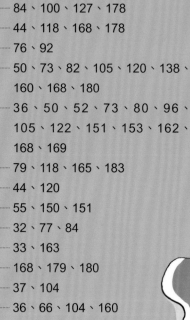

啊——
那個我還要用來
煮雜炊的！
唰
噠噠噠……
…
咚
咚咚
咚
過頭了，
剁過頭了！！
……是不是
加太多了？
山葵醬
…
三公分……!!
會不會
太厚了？

OTSUMAMI LABORATORY

作者 小田真規子

料理研究家。營養師。創辦studio nuts。自女子營養大學短期大學畢業後，於香川調理製菓職業學校學習甜點製作。雖然喜歡「烹飪」，但是更喜歡「思考」，歷經無數次的嘗試與研究後，終於找出獨特的食材與料理原理，並不斷整合成具體概念，因此向來以「跟著做就會很好吃的食譜」大受好評。以此為出發點推出的《料理的基本練習帳》（高橋書店）系列熱賣近六十萬本，成為入圍「食譜大賞in Japan 2014」的長銷書。此外，還擔任國中的技術、家庭課程的教科書料理審訂，為食品製造商規劃食譜等。目前已有《常備菜，早上只要把配菜放入便當盒就好！（1～5）》（扶桑社）等一百本以上的著作，引領各種料理風潮，有暢銷書數本。其中《帶來幸福一整天的早餐》（文響社）更榮獲「食譜大賞in Japan 2016」第二名。

插圖、漫畫 Sukeracko

漫畫家。著作包括《盆之國》《大狗》《醬油罐的愛吃鬼日記Special》（LEED社）《Bar Octopus》（竹書房）等。
喜歡的酒是啤酒，喜歡的下酒菜是煎餃跟馬鈴薯泥。烏龍麵也很喜歡。

國家圖書館出版品預行編目資料

深夜小酌！下酒菜研究所：157 道搭酒最對味的新食感小菜 / 小田真規子著；黃筱涵譯 . -- 臺北市：三采文化股份有限公司 , 2024.07
面；　公分 . -- (好日好食；67)
ISBN 978-626-358-402-0(平裝)

1.CST: 食譜

427.1　　113006339

好日好食 67

深夜小酌！下酒菜研究所

157 道搭酒最對味的新食感小菜

作者｜小田真規子　繪者｜ Sukeracko　譯者｜黃筱涵
編輯一部 總編輯｜郭玫禎　主編｜鄭雅芳　執行編輯 | 陳柏昌　版權選書｜劉契妙
美術主編｜藍秀婷　封面設計｜李蕙雲　內頁編排｜曾瓊慧　版權協理｜劉契妙

發行人｜ 張輝明　總編輯長｜ 曾雅青　發行所｜ 三采文化股份有限公司
地址｜ 台北市內湖區瑞光路 513 巷 33 號 8 樓
傳訊｜ TEL:（02）8797-1234　FAX:（02）8797-1688　網址｜ www.suncolor.com.tw
郵政劃撥｜ 帳號：14319060　戶名：三采文化股份有限公司
初版發行｜ 2024 年 7 月 5 日　定價｜ NT$400
2刷｜2024年 8 月 20日